GABRIELE METZ

# Wohnungs
## KATZEN

NATÜRLICH
HALTEN &
BESCHÄFTIGEN

**KOSMOS**

# INHALT

# Katzen
# BASICS

WOHLIGES SCHNURREN, LEIDENSCHAFTLICHES
KUSCHELN UND EIN HERZIGER BLICK KÖNNEN NICHT
DARÜBER HINWEGTÄUSCHEN: KATZEN SIND JÄGER.
IHR URSPRUNG, IHRE ENTWICKLUNGSPHASEN UND
KÖRPERSPRACHE SIND DIE EINES RAUBTIERES. UND
UM SOLCH EINEM WILDFANG EIN SCHÖNES LEBEN
FERNAB UNBERÜHRTER NATUR ZU ERMÖGLICHEN,
BEDARF ES ETWAS EINFÜHLUNGSVERMÖGENS.

# VOM JÄGER
## *zum Stubentiger*

Rund 10.000 Jahre währt die innige Beziehung zwischen Katze und Mensch. So alt sind Grabfunde aus Zypern, die an Verstorbene und ihre treuen Samtpfoten erinnern. Wobei es damals keine Hauskatzen, sondern Nubische Falbkatzen waren, die Wertschätzung genossen. Falbkatzen, die Vorfahren der Hauskatze, gehören zu den Afrikanischen Wildkatzen. Mit circa sechs Kilogramm Lebendgewicht und ähnlicher Schädelform erinnern sie an die Hauskatze. Was die Farbvielfalt angeht, stellen moderne Mäusefänger ihre Vorfahren jedoch in den Schatten. Falbkatzen kommen im beigefarbenen Haarkleid daher. Edel, aber eintönig angesichts der kunterbunten Farbvielfalt der schnurrenden Zunft. Das Erbe der Falbkatze prägt übrigens nicht nur Wald- und Wiesenkatzen. Alle Rassekatzen gehen auf sie zurück.

## UNNAHBAR – DIE EURO-PÄISCHE WILDKATZE

Die Nähe zu Menschen suchen Afrikanische Wildkatzen seit jeher. Sie leben gerne in der Nähe von Siedlungen und gewinnen schnell Zutrauen. Eigenschaften, bei denen die Europäische Wildkatze passen muss. Sie lässt sich nicht zähmen. Auch nahm sie kaum Einfluss auf die Entstehung der Hauskatze, obwohl beide gemeinschaftlich für Nachwuchs sorgen können. Doch über einige Zufalls-Liebschaften zwischen den Wildfängen und streunenden Hauskatzen ging es nie hinaus. Und das ist gut so, denn Sprösslinge der Wildkatze eignen sich keinesfalls für Kuschelstunden.

## ABENTEUER PUR

Doch was geschah auf dem Weg von der Falbkatze hin zum Sofatiger? Auf jeden Fall gab es jede Menge Abenteuer: Im Alten Ägypten vor 3.000 Jahren zum Kultgeschöpf erhoben. Im Mittelalter als Bote der Unterwelt verteufelt. Im 18. Jahrhundert als Künstler-Muse und Gespielin der adligen Damenwelt verehrt, schlich sich die schnurrende Zunft auf zielstrebigen Pfoten in die Welt des modernen Familienlebens. Heute bereichern über acht Millionen Katzen deutsche Haushalte, sind Sozialpartner und Wirtschaftsfaktor.

# LEBENSPHASEN
## *einer Katze*

Es wiegt so viel wie eine 100-Gramm-Tafel Schokolade, hat einen riesengroßen Kopf und zerbrechlich wirkende Beinchen. Kaum zu glauben, dass sich ein blindes und taubes, neugeborenes Katzenbaby später zu einem stattlichen Kater oder einer imposanten Katzendame mausert.

## TRINKEN, SCHLAFEN, KUSCHELN

In den ersten Tagen und Wochen dreht sich alles ums Trinken, Schlafen und um möglichst viel Wärme. Denn die Thermoregulation, mit der Katzen ihre Körpertemperatur – sogar bei klirrender Kälte oder sengender Hitze – auf 38 bis 39,3 Grad Celsius halten, überzeugt erst ab der siebten Lebenswoche. Davor kühlen die Kätzchen schnell aus und geraten dabei sogar in Lebensgefahr. Also suchen sie Nestwärme, schmiegen sich eng aneinander und schreien herzzerreißend, sobald es an Tuchfühlung fehlt. Mehr robbend als kriechend bewältigen die piepsenden Zwerge den Weg zur Milchbar, wo sie eine verblüffende Durchsetzungskraft zeigen. Jeder hat eine Lieblingszitze und umkämpft sie vehement. Auf den hinteren Plätzen gibt es übrigens besonders viel zu trinken, weshalb die letzten Zitzen ausgesprochen hoch im Kurs stehen.

## SUCHPENDELN

Und findet sich ein Katzenbaby plötzlich nicht mehr zurecht, pendelt sein großer Kopf suchend hin und her, bis es wieder das spärliche Fell der Wurfgeschwister oder Mamas wärmenden Pelz spürt. Das Suchpendeln ist eine angeborene Fähigkeit, die genau wie der piepsende Hilferuf bei abnehmendem Nestgeruch das Überleben der hilflosen Katzenkinder sichert.

## TURBO-ENTWICKLUNG

Zwischen dem achten und 14. Lebenstag öffnen Katzenkinder zum ersten Mal die neugierigen Äuglein. Und sie reagieren zunehmend auf Umweltgeräusche. Gegen Ende der zweiten Lebenswoche brechen sie auf wackeligen Beinen zur ersten Erkundungstour auf. Eine Mini-Reise, die enorme Kraft kostet. Nachdem die Katzenmama drei Wochen lang völlig alleine zum Putzdienst antrat, zeichnet sich bei den Kleinen nun zunehmend Reinlichkeits-Bewusstsein ab. Das Entfernen großer und kleiner Geschäfte erledigt vorerst noch weiterhin die Katzenmutter, wie auch das zärtliche Belecken der kleinen Bäuche, das die Verdauung in Schwung bringt. Mit dem Durchbrechen

[a]

[b]

**[a] STÄRKUNG AN DER MILCHBAR** Die meiste Milch fließt aus den hinteren Zitzen.

**[b] EINMAL LAUT FIEPEN** und schon ist Mama zur Stelle. Pflegeeinheit inklusive.

**[c] WACHSEN** ist ganz schön anstrengend. Schlafen und Fressen sind somit der Hauptzeitvertreib der winzigen Rasselbande.

**[d] AB DER SECHSTEN LEBENSWOCHE** reagieren Kätzchen gezielt auf Bezugspersonen. Ein Sozialkontakt, der sich zunehmend verstärkt.

**[e] JETZT GEHT ES LOS!** Ausgelassenes Spielen und Erkundungstouren durch die noch unbekannte Welt sind angesagt.

[c]

[d]

[e]

**SPIELERISCH** erproben Kätzchen alle Facetten des Ausdrucksverhaltens. Mal hat der eine Überhand ...

... mal der andere. Dieses Wechselspiel ist wichtig für das spätere Sozialverhalten.

der nadelspitzen Milchzähne – in der dritten bis sechsten Lebenswoche – zeigt sich, dass echte Raubtiere in der Wurfkiste liegen, wie auch beim manchmal wüsten Spiel untereinander, das mit nur vier Lebenswochen eine faszinierende Facette des Sozialverhaltens offenbart. Die sechste Lebenswoche lässt die Herzen jedes Katzenliebhabers höher schlagen: Ab jetzt erkennen die Mini-Schmuser vertraute Personen – gleichzeitig der Einstieg in die Entwöhnungsphase. „Weg von Mama" lautet nun die Devise und mit zwölf Wochen ist der abenteuerlustige Nachwuchs reif für den Umzug ins neue Heim. Mit dem neuen Lebensabschnitt stellen Katzenkinder ihre körperlichen Fähigkeiten gleich gehörig auf die Probe: Tollkühne Kletterversuche, hemmungsloses Hangeln, blitzschnelle Spurtrekorde, Springen wie ein Flummi ... Sie wollen alles ausprobieren und halten ihre neue Familie damit sicherlich ganz schön auf Trab.

## *Info*

### KÄTZCHENS ENTWICKLUNGSPHASEN

**1. LEBENSWOCHE:** Suchpendeln des Kopfes, Erkennen des Nestgeruchs, piepsender Hilferuf, Finden der Lieblingszitze, Trinken, Schlafen

**2. LEBENSWOCHE:** Öffnen der Augen, Reaktionen auf Umweltgeräusche

**3. LEBENSWOCHE:** Auf die Beine, fertig, los! – Sinn für Körperpflege setzt ein

**4. LEBENSWOCHE:** Spiel mit den Wurfgeschwistern

**6. LEBENSWOCHE:** vollständiger Durchbruch des Milchzahngebisses, Erkennen von Bezugspersonen

**10. LEBENSWOCHE:** Abschluss der Entwöhnungsphase

**12. LEBENSWOCHE:** bereit für den Umzug ins neue Heim

# VERHALTEN
## *Einzelgänger? Keineswegs!*

Das größte Vorurteil gegenüber Katzen gilt längst als überholt. Zwar leben Samtpfoten tatsächlich nicht im Rudelverband wie es Löwen tun, aber sie pflegen vielfältige soziale Beziehungen zu Artgenossen. Da gibt es die berühmten, nie ganz ergründeten Kater-Bruderschaften, Katzen, die gemeinsam Würfe groß ziehen und innige Freundschaften – gerade unter Wohnungskatzen. Sicherlich gibt es auch Ausnahmen. Mäusefänger, die andere Stubentiger meiden oder attackieren. Vermutlich mit gutem Grund. Denn oft liegen diesem ablehnenden Verhalten eine mangelnde Sozialisation im Kätzchenalter oder schlechte Erfahrungen zugrunde.

## MENSCHENFREUND

Was das Verhalten gegenüber Menschen angeht, stehen Katzen dem „besten Freund", dem Hund, wohl sicherlich in Nichts nach, auch wenn sie andere Schwerpunkte setzen. Samtpfoten binden sich eng an ihren Menschen und wachen eifersüchtig über ihn. Bloß nicht zu kurz kommen, immer die Nummer Eins sein, vor allem, wenn noch andere Katzen zur Familie gehören.

## DOPPELROLLE

Die Rolle, die Katzen gegenüber ihrem Menschen einnehmen, ist eine Doppelbesetzung. Denn es schlagen zwei Herzen in der Brust dieses anpassungsfähigen Vierbeiners, der sich beim zärtlichen Schmusen ebenso gekonnt behauptet wie auf der gnadenlosen Mäuse- oder Vogeljagd. Eine bemerkenswerte Gradwanderung, die typisches Kätzchenverhalten mit dem einer ausgewachsenen Katze verbindet.

**BEIM SPIEL** trainieren Katzen typische Abläufe des Jagdverhaltens.

## HOCH MOTIVIERT

Die jagdliche Motivation der Katze ist angeboren. Kleine, sich schnell bewegende Objekte stimulieren sie unweigerlich. So ist sie zum Einen ein Sichtjäger, wobei auch Geräusche eine wichtige Rolle spielen. Rascheln, Kratzen, Knistern oder in hohen Frequenzen liegende Töne lassen jeden Mäusefänger interessiert aufhorchen. Ist potenzielle Beute in Sicht, geht die Katze in Deckung und schleicht sich an. Dabei beobachtet sie genau, ob das Objekt der Begierde weit genug vom sicheren Schlupfwinkel entfernt ist, um dann blitzschnell zuzuschlagen. Mäuse und Vögel stehen ganz oben auf der Wunschliste, allerdings liegt die Trefferquote bei Kleinnagern deutlich höher als bei gefiederter Beute, die nach erfolgreicher Jagd penibel gerupft wird. Sie sind einfach schwerer zu erwischen, diese gewieften Piepmätze. Von der Schnelligkeit, Kraft und Jagdtechnik her sind Katzen in der Lage, Beutetiere zu töten, die ebenso groß und schwer sind wie sie selbst. Dennoch ziehen sie kleinere Gegner vor. Beim Kampf in derselben Gewichtsklasse ist die Gefahr Existenz gefährdender Verletzungen einfach größer. Und solche Risiken meidet eine Katze in weiser Voraussicht. Ratten, die durchaus wehrhaft sind, gehören allerdings schon zu den erklärten Leckerbissen vierbeiniger Draufgänger. Doch das Thema Ratten ist und bleibt Spezialistenarbeit, denn längst nicht alle Katzen trauen sich an die klugen Nacktschwänze heran.

**HOLZ** bietet den Krallen sicheren Halt. Auf glatten Flächen geht ein Balanceakt schon mal schief.

**EINE ABWECHSLUNGSREICHE EINRICHTUNG**
bietet Katzen Raum für kreativen Spielspaß.

## GANZ SCHÖN VERSPIELT

An Spielzeuge wagen sich hingegen alle Samtpfoten gerne, mit heller Begeisterung sogar. Denn beim Spiel trainieren Katzen alles, was für sie überlebenswichtig ist: geduldiges Beobachten, unauffälliges Anpirschen, blitzschnelles Zuschlagen und andere rasante Reaktionen. Auch Kratzen, Klettern und Balancieren gehören zum Spielverhalten. Allesamt Übungen, die körperliche Fitness und das Konzentrationsvermögen schulen. Beim Spiel untereinander verfeinern Stubentiger ihr Sozialverhalten. Eine wichtige Voraussetzung, um weitgehend konfliktfrei mit mehreren zusammenzuleben. Das Spiel mit dem Menschen genießt ebenfalls einen hohen Stellenwert. Es bedeutet Sozialkontakt, stärkt das Vertrauen und festigt die Bin-

dung aneinander. Ähnlich wie bei Hundewelpen, beeinflusst das Spiel im zarten Kätzchenalter das Sozialverhalten der ausgewachsenen Katze. Schmusetiger, bei denen in den ersten Lebensmonaten Spiel und andere Facetten der Sozialisation zu kurz kamen, haben später oft mehr Probleme im Umgang mit Artgenossen als liebevoll sozialisierte Vierbeiner. Und das wirkt sich sogar auf andere Bereiche aus, denn beim Spiel festigen sich auch Elemente des Jagd- und Sexualverhaltens. Indoor-Katzen sind übrigens viel verspielter als frei lebende Mäusefänger. Und das liegt schlicht und ergreifend am luxuriösen Freizeitangebot. Denn solange eine Katze Arbeit hat, also auf Nahrungs- oder Partnersuche ist, verliert das Spielen rapide an Bedeutung. Als kastrierte Wohnungskatze mit „Alles Inklusive"-Versorgung bleibt hingegen jede Menge Zeit für Spiel und Spaß.

*Info*

**SPIEL IST TRUMPF**
Wohnungskatzen haben mehr Freizeit als Freigänger. Da bleibt viel Zeit zum Spielen. Umso abwechslungsreicher das Angebot ist, desto besser. Aber was vor allem zählt, sind die ausgelassenen Spielstunden mit dem Menschen. Denn dieser wichtige Sozialkontakt stärkt das Vertrauen und festigt die Bindung aneinander. Beim Spielen trainieren Katzen gleichzeitig viele Facetten ihres Verhaltens. Deshalb gehören Spiel & Spaß einfach zu einer artgerechten Haltung dazu.

## GROSS & STARK

Abgesehen vom Bällchen-Kicken, Fell-
maus-Fangen oder Federbüschel-Hetzen
trainieren Katzen beim Spiel auch das
Imponierverhalten. Da rundet sich auf
einmal der elastische Rücken zu einem
Buckel und das Haarkleid steht vom
Körper ab. Der Schwanz erstreckt sich
pfeilgerade zum Himmel und wirkt
doppelt so voluminös wie sonst. Auch
der Breitseitengang, bei dem Samtpfoten
auf steifen Beinen seitwärts staksen,
gehört – wie auch draufgängerisches
Krallenwetzen – zum Imponierverhalten.
Was imposant aussieht, ist jedoch gar
nicht wirklich böse gemeint, sondern
dient vielmehr der Konfliktvermeidung.
Denn wenn es gelingt, einen Gegner
alleine durch imposantes Auftreten in
die Flucht zu schlagen, besteht auch
kein Grund für einen Kampf.

**KATZENBUCKEL, steil erhobener Schwanz, steife
Beinchen: Dieses Perserbaby imponiert bereits gekonnt.**

## WELLNESS

Krallenwetzen gehört allerdings auch zu
einer ganz anderen Facette katzentypischer
Verhaltensweisen: dem Komfortverhalten,
und zwar dann, wenn es der Reinigung
dient oder auf genüssliches Strecken und
Räkeln erfolgt. Auch herzhaftes Gähnen
und das Belecken des eigenen Fells ver-
vollkommnen diese wohlige Welt.
Neben der eigenen Fellpflege und allem,
was entspannt, gehört auch das Belecken
von anderen Katzen zum Komfortverhalten. Es dient immer dem Sozialkontakt,
kann freundliches Miteinander ausdrücken oder beschwichtigen. Befreundete
Samtpfoten belecken gegenseitig gezielt
Körperteile des anderen, an die er selbst
nicht herankommt. Geht es darum, einen
streitlustigen Dominanzprotz zu besänftigen, schleckt ihn die unterwürfige Katze
ab. Dominante Miezen erwidern das nicht.

**AUSGIEBIGES KRALLENWETZEN ist Aus-
druck hohen Komforts.**

**WELCHES SPIELZEUG IST SCHÖNER?** Das Kätzchen wirkt unentschlossen.

## UNENTSCHIEDEN

Plötzliches Belecken des eigenen Fells kann auch ein Zeichen für Übersprungs-verhalten sein, und zwar dann, wenn es überhaupt nicht zur aktuellen Situation passt und auch keinen anderen Sinn erfüllt. So putzen sich Katzen, wenn sie nicht wissen, wie sie sich in einer be-stimmten Situation entscheiden sollen. Angreifen oder weglaufen? Auf das Signal des Menschen wie gewünscht reagieren oder auf stur schalten? Auch unerwartete Reaktionen des Gegenübers, wie ein aggressives Beutetier oder ein schwer ein-schätzbarer Gegner, führen meistens zum Unentschieden.

## ZWANGHAFT

Manche Katzen belecken ihr Fell zwang-haft. Wiederkehrende Verhaltensweisen, weder zweckgebunden noch situations-gemäß, können Anzeichen einer Stereo-typie sein. Genetische Einflüsse, aber auch Stress und Haltungsfehler scheinen Hauptursachen zu sein. Führt das Bele-cken zu nackten Hautstellen, sollte ein Tierarzt ran. Er klärt, ob das Verhalten mit einer Erkrankung oder Parasiten zu tun hat. Ansonsten die Haltungsbe-dingungen überprüfen und einen Fach-tierarzt hinzuziehen. Das gilt auch für Bewegungsstereotypien, bei denen die Katze beispielsweise ihren Schwanz jagt.

**KATZEN,** die nicht gezielt zur Zucht eingesetzt werden, sollten kastriert werden.

## LIEBESTOLL

Keinen Therapeuten, aber wahrscheinlich einen Tierarzt, brauchen Wohnungskatzen, die nicht zur Zucht eingesetzt werden. Denn bevor sie mit ihrem ausgeprägten Sexualverhalten sich selbst und ihre Umwelt quälen, sollte eine Kastration erfolgen. Weibliche Katzen sind durchschnittlich mit spätestens neun Monaten geschlechtsreif und werden zum ersten Mal rollig, also empfangsbereit. Ein unübersehbares und auch unüberhörbares Phänomen. Der Allerwerteste der Katzendame reckt sich schamlos in die Höhe. Dazu maunzt, jodelt und schreit sie herzerweichend. Jeder unkastrierte Kater, der mit circa zwölf Monaten geschlechtsreif wird, registriert die akustischen Signale aus weiter Entfernung. Und er setzt alles daran, der rolligen Schönheit den Hof zu machen. Das ist der Moment, in dem sich gekippte Fenster zu einer noch größeren Gefahr wandeln als sie ohnehin schon sind, weil hier für Katzen Quetschgefahr droht. Es ist der Zeitpunkt, zu dem liebestolle Kater mit einem gezielten Sprung Türklinken herunterdrücken und auf Wanderschaft gehen. Da hilft nur: Klinke hochstellen und Fenster schließen. Oder eine Kastration, die – außer bei Zuchtkatzen – ohnehin sinnvoll ist.

Das Sexualverhalten untereinander birgt wenig Romantik. Der Deckakt, erst nach ausdauerndem Umwerben vergönnt, dauert nur wenige Sekunden, und wenn der Kater danach nicht schleunigst auf Distanz geht, erntet er schmerzhafte Pfotenhiebe. Die drohen ihm auch von der männlichen Konkurrenz. Denn wenn

die gerade um die Gunst einer Katzendame buhlt, gibt es kein Imponieren und
Bluffen. Dann fliegen – begleitet vom
typischen Katergesang der Rivalen –
wirklich die Fetzen, mitsamt tiefen Biss-
und Kratzwunden bis hin zu schweren
Augenverletzungen.

## EINFACH UNHEIMLICH

Angst können Katzen bei heftigen Auseinandersetzungen natürlich auch ver-
spüren. Logisch, wenn es ihnen an den
Kragen geht. Wobei die Emotion Angst
nichts Schlechtes ist. Sie ist vielmehr eine
angeborene Reaktion auf bedrohliche
Situationen, die den Ängstlichen vor
Schlimmerem bewahrt. Angstverhalten

**IN DIE ENGE GETRIEBEN,** reagieren viele
Katzen aggressiv.

kann aber auch auftreten, wenn es einer
Katze in den ersten Lebenswochen und
-monaten an ausreichender Sozialisation
mangelte, oder wenn sie mit bestimmten
Situationen schlechte Erfahrungen ver-
knüpft. Das mag der Anblick eines Hun-
des nach einem schmerzhaften Biss sein,
das Dröhnen des Staubsaugers oder auch
ein Silvester-Feuerwerk. Verspürt eine
Katze Angst, versucht sie in der Regel, aus
der unangenehmen Situation zu entwei-
chen. Gelingt ihr das nicht, setzt womöglich eine weitere Form katzentypischer
Verhaltensweisen ein: Sie greift an.

## JETZT GEHT'S RUND

In die Enge getrieben, ergreifen Katzen
durchaus die Flucht nach vorne. Und die
wird von scharfen Krallen und spitzen
Zähnen bestimmt. Beeindruckend, auch
wenn das Aggressionsverhalten in solchen
Situationen auf nackter Angst aufbaut.
Angstaggression kann in verschiedensten
Lebenslagen auftreten: beim Tierarzt,
gegenüber unbekannten Personen, die
den Stubentiger streicheln oder auf den
Arm nehmen, gegenüber Artgenossen
und anderen Haustieren.
Angst ist jedoch nicht immer der Aus-
löser. Aggressionsverhalten zeigt sich
auch im Zusammenhang mit dem Revier.
Eindringlinge bekommen die Krallen und
Zähne des Platzhirsches zu spüren. Auch
Eifersucht führt mitunter zu aggressivem
Verhalten. Die Geburt eines Babys, ein
neues Haustier oder andere Nebenbuhler
lassen die Emotionen besitzergreifender
Stubentiger hochkochen. Dabei ist das
Ganze nicht wirklich persönlich gemeint.

**AUCH BEGEHRTE SPIELZEUGE** gehören zu den Ressourcen einer Katze und werden verteidigt.

Beim Aggressionsverhalten geht es in erster Linie um die Verteidigung von Ressourcen. Dazu gehören Nahrung, Wasser, Schlafplätze und Zuwendung – kurzum alles, was das Überleben sichert und angenehm gestaltet. Jeder, der diese Ressource ebenfalls beansprucht, stellt eine potenzielle Bedrohung dar. Aggressive Katzen verunsichern ihre Umwelt massiv, werden deshalb oft abgegeben und sind dann – als verhaltensgestört abgestempelt – kaum noch vermittelbar. Dabei ist Aggressionsverhalten keine Störung, sondern eine Facette des Normalverhaltens. Es dient als Reaktion auf einen Konflikt und ohne diese Möglichkeit wäre ein Überleben gar nicht möglich. Ob sich eine Katze wirklich aggressiv verhält, hängt von unterschiedlichen Faktoren ab. Von der eigenen Fitness und der des vermeintlichen Gegners, von der Wertigkeit der jeweiligen Situation – kurz: von möglichen Vor- und Nachteilen. Erscheint das Risiko zu groß, meidet der Stubentiger möglichst einen Konflikt.

## Info

### RESSOURCEN

Wenn eine Katze mit Zähnen und Krallen auf ihr Gegenüber losgeht, hat das in der Regel nichts mit persönlicher Abneigung zu tun. Katzen verteidigen instinktiv Ressourcen, die ihr Überleben sichern. Dazu gehören Futter, Wasser und Ruheplätze. Aber auch Spielzeuge und sogar die geliebten Streicheleinheiten – weil all das den täglichen Komfort erheblich steigert. Und solch einen Luxus lässt sich ein gestandener Stubentiger doch nicht einfach streitig machen.

# KOMMUNIKATION
## *eine klare Sache*

Ein intensiver Blick, ein kurzes Schwanz-schlagen, und die Katze auf der anderen Seite des Kratzbaumes weiß genau, was jetzt Sache ist. Denn die Körpersprache eines Stubentigers ist eindeutig. Hinzu kommen Lautäußerungen wie Miauen oder Fauchen, Sichtzeichen wie Kratz-spuren und spezielle Duftmarken, ein reichhaltiges Repertoire an Kommunika-tionsmöglichkeiten. Und die schöpfen Samtpfoten auch aus, ständig und in jeder Situation. Während Katzen sich weitgehend unmissverständlich verste-hen, fällt ihrem Menschen die Deutung der Signale längst nicht immer leicht, übrigens einer der Haupt-gründe für Beziehungs-krisen. Grund genug, sich mit der spannenden Welt der Katzensprache eingehender zu befassen. Der Einsatz lohnt, denn wenn sich Mensch und Schnurrer wortlos verstehen, wächst die Zuneigung zueinander noch mehr.

## KÖRPERSPRACHE

Wenn eine Katze ihre Körpersprache einsetzt, was sie eigentlich ständig macht, sind es viele verschiedene Signale, die gemeinsam etwas ausdrücken. Ein einzel-nes Zeichen ist stets Teil eines Gesamt-bilds, das abhängig von der Situation, in der es auftritt, eine bestimmte Botschaft an die Umwelt übermittelt. Dennoch ist es sinnvoll, sich erstmal mit den Möglich-keiten der Körpersprache im Einzelnen zu beschäftigen, um dann zu erleben, wie faszinierend das Zusammenspiel der ver-schiedenen Signale ist.

**OHRSTELLUNG,** Blick-richtung und die Position der Schnurrhaare verraten aufmerksames Interesse mit einer Spur Skepsis.

**AUCH BEIM GENÜSSLICHEN SCHLECKEN** drehen sich die Ohren nach hinten.

## OHRSTELLUNG

Die Ohren der Katze können zwar nicht ihre Größe verändern, aber ihre Position. Während sie bei normaler, ausgeglichener Gemütslage entspannt nach vorne gerichtet sind, drehen sie sich bei erhöhter Aufmerksamkeit stärker nach innen. Es wirkt, als würde der Stubentiger die Ohren spitzen. Die offenen Ohrmuscheln sind dann direkt auf das interessante Objekt gerichtet. Steht dem Mäusefänger der Sinn nach einer handfesten Auseinandersetzung, dreht er die Ohrmuscheln zur Seite oder sogar recht weit nach hinten, bewahrt dabei aber eine aufgerichtete Stellung. Fühlt er sich bedroht und verspürt Unsicherheit, drehen sich die Ohren auch seitlich nach hinten, allerdings

## PUPILLEN

Klein wie ein Stecknadelkopf oder groß und rund wie ein Fünf-Cent-Stück? Das macht bei den Pupillen der Katze einen Unterschied aus, der längst nicht nur von Helligkeit oder Dämmerlicht abhängt. Es ist die Stimmungslage des Stubentigers, die hier kräftig mitbestimmt. Erregt etwas die Aufmerksamkeit, ziehen sich die Pupillen blitzschnell zusammen. Auch Stress und die Bereitschaft, sich ins Kampfgetümmel zu stürzen, führen zu dieser Reaktion. Weite Pupillen verdunkeln die Augen, wenn die Katze Angst oder Schmerzen hat oder wenn ihr ein richtiger Schreck in die Glieder fährt. Ansonsten ist die Pupillengröße – genau wie beim Menschen – abhängig vom Außenlicht. Ist es hell, sind die Pupillen klein, in der Dämmerung groß.

## Info

### RASSEBESONDERHEITEN

Einige Katzenrassen haben von Geburt an anders geformte Ohren, zum Beispiel die American Curl oder die Scottish Fold. Kringel- und Faltöhrchen sorgen bei der Kommunikation mit anderen Katzen manchmal für Missverständnisse. Die optisch veränderten Ohren werden als Unsicherheit oder Angriffslust gewertet. Das kann zu Streitereien führen. Manche Katzen haben gekräuselte oder gar keine Schnurrhaare, zum Beispiel die Devon Rex, die Cornish Rex, die German Rex, die Sphynx oder die Don Sphynx. Bei ihnen sind Veränderungen der Haarposition schwerer zu erkennen. Allerdings führt diese Einschränkung seltener zu Missverständnissen als speziell geformte Ohren.

**NACH VORNE GERICHTETE OHREN** verhei-
ßen Aufmerksamkeit.

## KOPFHALTUNG

Erhobenen Hauptes kommt eine gut
gelaunte, interessierte Katze daher. Vielleicht streckt sie den Kopf sogar etwas
hervor, was Neugierde ausdrückt und
auch die Bereitschaft, mit dem Gegenüber Kontakt aufzunehmen.

Befürchtet der Stubentiger Unannehmlichkeiten, senkt er den Kopf oder dreht ihn
zur Seite. Dann sind meistens Unsicherheit
und vielleicht auch Misstrauen im Spiel.
Unter Katzen führt diese Demutsgeste in
der Regel zum Ablassen vom Schwäche-
ren. Schlecht sozialisierte Katzen missach-
ten die Signale der Konfliktvermeidung.
Sie greifen womöglich trotzdem an, was
Konflikte schürt. Solche Stubentiger leben
am harmonischsten als Einzelkatze.

liegen sie dann flach am Kopf an, ein
sicheres Zeichen für Unterwürfigkeit und
die Bereitschaft, das Weite zu suchen.
Was nicht bedeutet, dass auf Angst nicht
doch noch offensives Angriffsverhalten
folgt, weil die Katze keine andere Möglichkeit sieht, aus der Situation zu entkommen.

## SCHNURRHAARE

Sie sehen aus wie ein zarter Fächer und
verraten viel über die Gemütslage einer
Katze. Im ausgeglichenen Zustand stehen
die Schnurrhaare mittelstark gefächert
zu beiden Seiten der Schnauze ab. Bei erhöhter Aufmerksamkeit spreizt die Katze
die Schnurrhaare weiter auseinander und
richtet sie nach vorne. Ist sie beunruhigt,
verunsichert oder ängstlich, liegen die
Schnurrhaare eng an der Schnauze an und
zeigen nach hinten.

**DIESE NORWEGISCHE WALDKATZE** ist freundlich
gestimmt und aufgeschlossen.

**DIESE OKH** zeigt eine Mischung aus Unsicherheit und Imponiergehabe.

### RÜCKENLINIE

Normalerweise ist sie gerade. Die Rückenlinie kann sich aber auch zu einem hohen Bogen wölben, wenn Samtpfoten ihrer Umwelt imponieren wollen. Allerdings ist der klassische Katzenbuckel auch in anderen Situationen zu sehen, zum Beispiel bei akuter Angriffsbereitschaft und interessanterweise auch bei Entscheidungskonflikten und Angst. Ausschlaggebend sind – wie bei allen Einzelsignalen – das Gesamtbild und die jeweilige Situation.

### SCHWANZPOSITION

In ruhigen Situationen zeigt der Schwanz entspannter Stubentiger – wie eine Verlängerung der Wirbelsäule – schräg nach unten. Bei freudiger Erregung richtet er sich gerade und steil nach oben zeigend auf. Zucken und Schwanzschlagen kommen sowohl beim Jagdverhalten als auch bei anderen Formen der Anspannung und Unmut vor. Das angstvolle Einklemmen des Schwanzes zwischen den Hinterbeinen, wie es Hunde zeigen, ist Katzen unbekannt.

### BEINE

Selbstbewusste Katzen, die sich Herr über die Situation fühlen, präsentieren sich auf gestreckten, stabil positionierten Beinen. Verunsichert sie etwas, setzen sie die Vorderbeine ein Stück weit zurück, sodass sie sich weiter unter dem Körper befinden. Die Hinterbeine verharren dabei in der Normalstellung. Erst wenn den Stubentiger Unsicherheit oder Angst packt, knickt er die Hinterbeine ein, was eine schnellere Fluchtreaktion ermöglicht.

### FELL

Das Haarkleid der Katze kann eng anliegen, leicht abstehen oder sich wie ein struppiger Besen sträuben. Und auch diese Veränderungen sind Teil der Körpersprache. Angriffsbereite, dominante Mäusefänger sträuben das Rücken- und Schwanzhaar. Ängstliche, unterwürfige Katzen sträuben hingegen das gesamte

## *Info*

### WAS MACHT EINE KATZE OHNE SCHWANZ?

Tatsächlich gibt es sie – zum Beispiel bei den Rassen Bobtail und Manx. Im Gegensatz zu ihren mit normalem Schwanz bestückten Artgenossen müssen sie auf dieses Element der Körpersprache verzichten. Entgegen eines weit verbreiteten Vorurteils klettern und balancieren die schwanzlosen Samtpfoten jedoch ebenso sicher wie andere. Sie lernen problemlos, ohne das haarige Steuerruder gewagter Katzen-Akrobatik zu frönen.

**KATZEN SCHNUPPERN GERNE** und reagieren auf verschiedene Düfte.

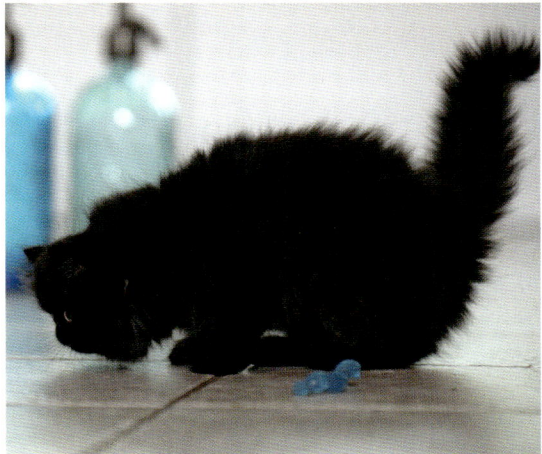

**GESTRÄUBTES FELL** lässt diese Katze voluminöser wirken. Auch das wenige Wochen alte Perserkätzchen.

Fell. Dadurch wirken sie voluminöser, was den potenziellen Gegner von einem Angriff abhalten soll. Nacktkatzen wie die Sphynx müssen auf dieses Detail der Körpersprache verzichten. Sie gleichen das durch den Einsatz anderer Signale aus.

## FLEHMEN

Pferde können es und Katzen stehen ihnen in Nichts nach. Flehmen, das Hochstülpen der Oberlippe beim Pferd und das Hochziehen derselben bei Stubentigern, ist oft sexuell stimuliert. Allerdings führen auch ungewöhnliche Gerüche zu diesem amüsanten Phänomen. Bei genauem Hinsehen fallen das leicht geöffnete Maul und die in Falten gelegte Nasenpartie auf. Typisch ist auch der in sich gekehrte Blick flehmender Samtpfoten. Doch das Organ, das für dieses Verhalten zuständig ist, verbirgt sich. Es ist das Jacobsonsche Organ, das sich oben im Gaumen der Katze versteckt. Dank ihm kommen Katzen in den Genuss eines sinnlichen Erlebnisses, von dem Menschen nur erahnen können, welche geschmacklichen oder von Düften bestimmten Möglichkeiten es offenbart.

Jedenfalls ist auch die Zunge an der Duftauswertung beteiligt. Sie wird rhythmisch gegen den Gaumen gedrückt, um die Intensität der Wahrnehmung zu steigern. Paarungswillige Kater zeigen das Flehmen, wenn sie eine rollige Katzendame wittern. Auch der Duft von Katzenminze und anderen Lockstoffen lässt die Oberlippe in die Höhe wandern.

**DUFTERLEBNIS** Indem die Katze ihre Zunge gegen den Gaumen drückt, nimmt sie Düfte intensiver wahr.

## STIMMGEWALTIG

Maunzen, Murren, Miezen. Abgesehen von den vielfältigen Möglichkeiten der Körpersprache, teilen sich Katzen auch mit Lauten mit. Und dabei sind sie weitaus vielfältiger als oft vermutet. Und sie haben sogar eine stimmliche Sonderbehandlung für ihren Menschen im Angebot.

### SCHNURREN

Wenn Katzen etwas beherrschen, das außer ihnen nur noch andere kleine Katzenarten wie Ozelots leisten, ist es das Schnurren. Löwen und Tiger schnurren zwar auch, aber – wie alle anderen Großkatzen – mit einer abweichenden Technik. Stubentiger schnurren gleichmäßig beim Ein- und Ausatmen. Löwe & Co. vollbringen das hingegen nur beim Ausatmen. Das Schnurren entsteht im Kehlkopf der Katze. Bis zu 30 Mal ziehen sich die Muskeln des Kehlkopfes dabei zusammen und das pro Sekunde. Sie versetzen die Stimmlippenränder in Bewegung und erzeugen so einen Ton, den Mäusefänger sogar mit geschlossenem Maul und bisweilen stundenlang in Szene setzen. Die Schnurr-Premiere erfolgt im zarten Kätzchenalter, ohne dass die durstige Schar dafür auch nur einen Moment lang das Trinken unterbrechen müsste. Es signalisiert Wohlbefinden wie auch später im Erwachsenenalter. Allerdings schnurren Katzen auch, wenn sie große Schmerzen haben, vielleicht, um sich selbst zu beruhigen.

### MIAUEN

Miau ist wohl der Klassiker der Katzensprache. Und tatsächlich ist dieser Laut keine Erfindung geschäftstüchtiger Comic-

**FREUNDLICHES GURREN** ist ein Zeichen großer Vertrautheit.

zeichner. Die schnurrende Zunft beherrscht dieses Wort und das in lupenreiner Perfektion. Doch was bedeutet es eigentlich? Nichts Gutes, denn ein deutlich betontes Miau ist in der Regel ein lautstarkes Klagen. Es signalisiert Angst, Unwohlsein und kommt überwiegend bei kleinen Kätzchen vor.

### GURREN

Wie wohlig klingt im Vergleich zum kläglichen Miau ein Gurren. Katzenmamas rufen so zärtlich ihren Nachwuchs. Ausgewachsene Katzen begrüßen sich gegenseitig mit Gurren in verschiedensten Tonlagen. Auch der geliebte Mensch oder zur Familie gehörende Haustiere werden mit diesem durchweg positiv gemeinten und überaus variierbaren Geräusch bedacht.

## KREISCHEN

Alarm ist angesagt, wenn ein Stubentiger kreischt, ein alles durchdringendes
Geräusch, das für Gänsehaut sorgt.
Kreischen zerreißt die Luft, wenn ein
Stubentiger in Panik gerät. Vielleicht
fühlt er sich gerade ernstlich bedroht,
sieht aber kein Entkommen. Auch ein
plötzlicher Schreck entlockt ihm diese
gespenstische Geräuschkulisse.

## FAUCHEN & SPUCKEN

Vorsicht. Der zischende Laut, der Mäusefängern beim Fauchen entfährt, verheißt nichts Gutes. Durch das leichte bis
deutliche Öffnen des Mauls und das
blitzschnelle Ausstoßen von Luft sollen
mögliche Angreifer verschreckt und in
die Flucht geschlagen werden. Dringt die
Atemluft mit noch höherem Druck aus
Maul und Nase, entsteht ein spuckender
Laut, der eine Steigerung des fauchenden
Drohlautes ist.

**EIN HERZZERREISSENDES MIAU** ist meistens Ausdruck
großer Unsicherheit oder Angst.

# SPRECHENDE DÜFTE

Katzen-Kommunikation erfolgt überwiegend durch Signale der Körpersprache
und Lautäußerungen. Aber auch spre-
chende Düfte kommen in der Welt des
mitteilungsfreudigen Stubentigers vor.
Winzige Drüsen an Kinn und Wangen,
Analdrüsen und Urin machen es möglich.
Deshalb reiben Samtpfoten manchmal
ausgiebig ihre Köpfchen an Menschen,
Artgenossen oder anderen Objekten.
Oder sie recken den Schwanz steil in die
Höhe, um schnell einige Tropfen Urin
an eine strategisch wichtige Stelle zu
spritzen, was vor allem bei Katern vor-

kommt. Gezielt platzierte Duftnoten
dienen der Markierung. Sie signalisieren
der Umwelt Besitzansprüche. Übrigens
hinterlassen Katzen auch mit den Pfotensohlen Duftstoffe, und sie können dort
auch schwitzen.

## UNÜBERSEHBAR

Duftnoten der Pfotensohlen spielen
auch beim Setzen von Sichtzeichen eine
Rolle. Die Kratzspuren an Sofa, Kratzbaum oder der frisch tapezierten Wand
dienen nämlich nicht nur der Befriedung
angestauter Zerstörungswut, sondern
auch als Markierung. Katzen, die denselben strategisch wichtigen Punkt beanspruchen, übertrumpfen sich dabei
gegenseitig durch immer höher angelegte
Kratzspuren.

# KOMMUNIKATION – DAS GESAMTKUNSTWERK

### GUT DRAUF

Normale Pupillen, entspannt nach vorne gerichtete Ohren, gerader Rücken, gerade aufgerichtete Beine, Schwanz zeigt schräg nach unten, Schnurrhaare sind weder angelegt noch nach vorne gerichtet.

### SCHÖN, DASS DU DA BIST

Nach vorne gespreizte Schnurrhaare, erhobener Kopf und steil aufgerichteter Schwanz mit leicht abgeknickter Spitze, die Katze eilt auf ihren Menschen zu, um ihn zu begrüßen, Maunzen in hoher Tonlage, Gurren.

### ZEIT FÜR ZÄRTLICHKEIT

Freundliches Schnurren, die Katze rollt sich auf die Seite oder kugelt herum, die Augen suchen Blickkontakt.

### ICH HAB DICH LIEB

Schnurren, leicht geschlossene Augen, aufgerichteter Schwanz, der Körperkontakt sucht, Flanken- und Wangenreiben, Berührungen mit den Pfoten, Belecken von Händen, Haaransatz, Wange oder Arm, der Rücken drückt sich gegen den zum Streicheln ausgestreckten Arm.

### LUST AUF ABWECHSLUNG

Der Körper ist angespannt, die Augen sind rege, auf dem erwartungsvoll erhobenen Kopf thronen nach vorne gerichtete Ohren, wenn weder aufforderndes Flankenreiben noch Köpfchengeben zum Ziel führen, straft die Katze ihren Menschen mit kläglichem Miauen ab.

### LASS UNS SPIELEN

Steife Beine, spielerischer Breitseitengang und Buckel, kurze Galoppsprünge mit erhobenem Schwanz vor dem Menschen her.

**GUT DRAUF** Spielpfötchen und Ohren in Erwartungs-stellung: Diese OKH ist richtig gut drauf.

**PÜPPCHENGESICHT IN SPIELLAUNE** Dieses BKH-Kätzchen hat Lust auf Abwechslung.

**SCHNURREN,** geschlossene Augen und zartes Tätzeln – ein echter Liebesbeweis.

## SCHMOLLEN
Die Katze meidet Blickkontakt, wendet die Ohren vom vermeintlichen Übeltäter ab, dreht ihm den Rücken zu, keine Reaktionen bei Ansprache.

## JETZT REICHT'S
Unwirsches Schwanzschlagen, nach hinten gelegte Ohren, direkter Blick-kontakt, verkleinerte Pupillen, Fauchen, Pfotenhiebe.

## ICH BIN STARK
Annähern im Breitseitengang, gesträubte Rücken- und Schwanzhaare, deutlich gestreckte Hinterbeine, schräg oder senk-recht nach unten weisender Schwanz, kleine Pupillen, Blickkontakt, nach hinten zeigende, aufrechte Ohren.

## ICH TUE SO ALS WÄRE ICH STARK
Buckel, große Pupillen, Blickkontakt, Körper dreht sich seitlich zum Gegner, Fauchen, Grollen, flach nach hinten weisende Ohren.

## GLEICH FLIEGEN DIE FETZEN
Aufgerichtete nach vorne weisende Ohren, Fixieren des Gegners, leicht ver-kleinerte Pupillen, seitlich weggedrehter Kopf, senkrecht nach unten weisender Schwanz.

**DER IST MIR EINFACH ZU BLÖD.** Rückzug mit Schmoll-faktor – und schon entflammt eine neue Idee.

# ERZIEHUNG?
## *Aber sicher!*

Lassen sich Katzen erziehen? Na klar. Man muss nur wissen wie. Mit lautem Geschrei oder gar Schlägen ist jedenfalls nichts zu erreichen. Dafür mit gezielter Motivation und liebevoller Konsequenz. Natürlich sind Katzen keine Hunde. Das zuverlässige Abspulen der Basisübungen Sitz, Platz, Bleib und Aus werden die meisten Stubentiger stoisch verweigern, obwohl es auch welche gibt, die das durchaus besser beherrschen als schlecht erzogene, bellende Konkurrenz. Katzen können Apportieren, einen kniffligen Agility-Parcours bewältigen und Intelligenz-Spiele lösen. Wenn sie Lust dazu haben, und die gilt es zu stimulieren. Und schon beginnt die Erziehung.

## GESCHMACKSSACHE

Was müssen Katzen lernen? Das hängt ganz von den Ansprüchen und dem Lebensstil ihres Menschen ab. Wenn er Samtpfoten im Bett schätzt, soll er sie hineinlassen. Falls er keine Tabus im Zusammenleben möchte, nur los. Doch wenn es Regeln im Zusammenleben gibt, ist Erziehung durchaus wichtig. Grundregel Nummer eins: ein artgerechtes Umfeld schaffen. Denn nur, wenn eine Katze die Möglichkeit hat, ihre

Bedürfnisse zu befriedigen, kann sie auch ein wohlerzogener Partner sein. Grundregel Nummer zwei: Konsequenz. Was einmal verboten wird, ist auch in Zukunft tabu, ohne Ausnahme. Grundregel Nummer drei: was die Beziehung zwischen Mensch und Katze belastet, wird abgeschafft, womit keinesfalls der Schmusetiger gemeint ist.

## ERZIEHUNGS-HIGHLIGHTS

Es gibt gewisse Punkte, die das Zusammenleben einfacher machen. Dazu gehören: Stubenreinheit, das Akzeptieren von Fellpflege und anderen hygienischen Maßnahmen, Transportboxen und Autofahrten sind kein Problem, Alleinbleiben erzeugt keinen Protest, im Umgang mit anderen ist der Stubentiger freundlich, er respektiert Tabuzonen. Und all das lässt sich mit einfachen Mitteln erreichen, indem die Erziehung so früh wie möglich beginnt, durch absolute Konsequenz, durch schrittweise Gewöhnung und ganz viel Lob. Und wenn die Katze etwas Bestimmtes lernen soll, führt das Wecken ihrer unerschöpflichen Neugierde mit Sicherheit zum Ziel. Und bei manchen haben auch Leckerchen einen durchschlagenden Erfolg.

# Indoor
# PARADIES

KATZEN WISSEN GENAU, WIE SIE WOHNEN MÖCHTEN.
DAS INDOOR-PARADIES SOLLTE SICH MÖGLICHST NAHE
AN DEN NATÜRLICHEN BEDÜRFNISSEN DER SCHNUR-
RENDEN ZUNFT ORIENTIEREN. VERSCHIEDENE AKTIVI-
TÄTSZONEN, GANZ VIEL ABWECHSLUNG UND EIN GE-
MÜTLICHES PLÄTZCHEN FÜR SÜSSE TRÄUME GEHÖREN
ZUR INNENARCHITEKTUR MIT WELLNESS-FAKTOR.

# KATZEN
## *in der Wohnung?*

Katzen in der Wohnung halten? Bei diesem Gedanken schütteln nach wie vor viele verständnislos den Kopf. Quälerei sei das, weil ein Mäusefänger nun mal nach draußen gehöre. Am besten noch auf einen Bauernhof, wo er sich von fetten Mäusen und frischer Kuhmilch artgerecht ernährt. Die Kätzchen wachsen im natürlichen Umfeld auf dem Heuboden auf – wie romantisch. Romantisch vielleicht, aber fern jeglicher Realität. Fakt ist, dass frei lebende Katzen durch den Verzehr von Kleinnagern wie Mäusen und Ratten einem enormen Parasitendruck unterliegen. Um diesen zumindest einigermaßen einzudämmen, bedarf es der Verabreichung wirkungsvoller Wurmkuren, mindestens alle zwölf Wochen. Hinzu kommen nicht einschätzbare Belastungen durch Pestizide, deren Spuren sich in allen Nagern wiederfinden, die Getreide verzehren. Kuhmilch ist aufgrund der Lactose-Unverträglichkeit von Katzen ohnehin nicht zum Verzehr geeignet, sie verursacht heftige Durchfälle. Und die niedlichen Kätzchen vom Heuboden interessieren spätestens im

Alter von 20 Wochen meistens niemanden mehr. Ihr Schicksal ist oft ungewiss und endet nicht selten im Tierheim oder als Verkehrsopfer auf einer Landstraße. Dasselbe Schicksal droht Freigängern in Wohngebieten. Denn wenn in der Nähe eine stark befahrene Straße ist, bedeutet das Lebensgefahr. Katzenhalter in städtischen Gebieten finden in der Regel keine geeigneten Umweltbedingungen vor, um ihren Vierbeiner guten Gewissens hinauszulassen. Es ist sinnvoll, diese Tatsache bereits bei der Anschaffung der Katze zu bedenken. Denn es gibt zahlreiche Stubentiger, die sich bestens für die Indoor-Haltung eignen. Die meisten Rassekatzen gehören dazu. Unter den beliebten Wald- und Wiesenkatzen, ohne Stammbaum, gibt es hingegen viele Freigeister, denen Auslauf tatsächlich sehr wichtig ist. Das trifft jedoch längst nicht auf alle zu.

**GLÜCKLICH DRINNEN**
Viele Stubentiger fühlen sich in einer Wohnung rundum wohl.

33

# *Mein* JAGDREVIER

Katzen sind perfekte Jäger. Alles an ihnen ist auf das Erlegen von Beutetieren ausgerichtet: geduldiges Beobachten, Lauern, Anpirschen, blitzschnelles Zuschlagen, das Todesspiel und schließlich ein leckerer Happen zwischen den Zähnen – ein traumhaftes Jägerleben. Damit auch Wohnungskatzen auf nichts von alledem verzichten müssen, sollte das private Jagdrevier viel bieten – mit Ausnahme der echten Mäuse.

## BEUTESPIELE

Beim Beutespiel steht nur ein Ziel im Fokus: das Fangen eines Objekts. Ob es dabei einem schadstoffarmen Sisal-Mäuschen, einem kecken Filz-Hund oder einem gefiederten Vogel-Imitat an den Kragen geht, ist zweitrangig. Hauptsache, das Beutespiel läuft richtig rund. Alles beginnt mit einer Aufforderung zum Spiel, natürlich zu einem Zeitpunkt, zu dem der Stubentiger fit und aktiv ist. Grundsätzlich: Nie zum Spielen aus dem Schlaf reißen oder beim Entspannen stören. Das Zeigen eines interessanten Beutespielzeugs genügt oft schon, um die Jagdmotivation des Mäusefängers zu beflügeln. Schnelle Bewegungen aktivieren das, was jeder Katze von Geburt an im Blut liegt: den unbändigen Drang,

Beute zu machen: mit dem Blick fixieren, Anpirschen, Losspurten und drauf! Dann wird gerangelt, gezappelt, gekratzt und gebissen – kurz, ein Riesenspaß. Und was ist mit dem saftigen Happen, den das Fangen echter Beute nach sich zieht? Diese Belohnung ist für Stubentiger beim Beutespiel zweitrangig. Das Spiel alleine befriedigt so viele katzentypische Bedürfnisse, dass die meisten Mäusefänger in dieser Situation nicht einmal auf ihr Lieblings-Leckerchen reagieren. Temperamentvolle Katzen legen bei Beutespielen richtig los. Bei ihnen unbedingt Spielobjekte wählen, die an einem langen Band oder einer Angel befestigt sind. Damit lässt sich eine höhere Geschwindigkeit erzeugen und die eigenen Hände befinden sich außerhalb der direkten Gefahrenzone.
Batteriebetriebene Beutespielzeuge sind eine praktische Alternative, wenn der Zweibeiner gerade mal keine Zeit oder Lust zum Spielen hat. Es gibt sogar Modelle, die sich in regelmäßigen Intervallen an- und wieder ausschalten. Das sorgt für Kurzweil, wenn der Schnurrer mal über längere Zeit alleine zu Hause verweilen muss.

**ERZIEHUNGS-TIPP** Beutespiele versetzen manche Katzen dermaßen in Rage, dass sie ihr gutes Benehmen vergessen

[a]

[b]

**[a]** FRÖHLICH WIPPENDE SCHMETTERLINGE – eine Riesengaudi!

**[b]** IM INNEREN piepst eine Fellmaus – unwiderstehlich.

**[c]** EINE HOMMAGE an echte Vögel und ebenso spaßig.

**[d]** ANGELSPIELE stehen bei temperamentvollen Katzen hoch im Kurs.

**[e]** BATTERIEBETRIEBENE INSEKTEN, die umherkrabbeln – der Renner.

[c]

[d]

[e]

35

**HAB' DICH!** Die Größe des Wurfobjekts sollte zur Katze passen.

und plötzlich hemmungslos nach den Händen ihres Menschen schlagen oder sogar hineinbeißen. Wenn das geschieht, endet das Spiel sofort, der Mensch wendet sich ab und geht. Auf diese Weise lernt der Stubentiger, dass ruppiges Verhalten jeglichen Spaß sofort beendet.

## WURFSPIELE

Auch Wurfspiele stimulieren die jagdliche Motivation der Katze. Sich schnell bewegende Objekte üben unweigerlich eine große Anziehungskraft aus. Allerdings sollte das Wurfobjekt nicht überdimensioniert sein. Ein fliegendes Stofftier in Dackelgröße verunsichert manche Katzen zutiefst, und der Spielspaß ist dahin. In etwa mausgroße Objekte stehen bei ihnen dagegen fast immer hoch im Kurs. Wurfspiele erfordern körperliche Fitness, deshalb eignen sie sich vor allem für junge und gesunde, ausgewachsene Katzen mittleren Alters.
Bei gesundheitlichen Störungen – insbesondere des Bewegungsapparates – und bei vierbeinigen Samtpfoten-Senioren ist es besser, auf weniger rasante Jagdvarianten auszuweichen.

## BEISSHEMMUNG

Im Feuereifer ausgelassener Jagdspiele schlagen Katzen ihre Zähne auch mal richtig kräftig in das Beuteobjekt. Wenn hier die – hoffentlich bereits im Kätzchenalter erlernte – Beißhemmung versagt, ist das nicht schlimm. Im Umgang mit Artgenossen, anderen Haustieren und vor allem dem Menschen muss die Beißhemmung jedoch zuverlässig funktionieren. Ansonsten ist Stress vorprogrammiert. Gut sozialisierte Katzen aus verantwortungsvoller Aufzucht verfügen in der Regel immer über diese Beißhemmung, die später beim Tragen des eigenen Nachwuchses und beim Paarungs-Nackenbiss hilft. Kleine Kätzchen bringen sie sich gegenseitig beim Spiel miteinander bei. Später kostet es sie sogar Überwindung, die Beißhemmung bei der Jagd zu vergessen und wirklich eine Maus oder einen Vogel zu töten. Auch dieses Verhalten muss erst erlernt werden.

## ERLEICHTERUNGSSPIEL

Jagen bringt die Emotionen ganz schön in Wallung. Die ganze Anspannung entlädt sich, sobald die Katze das Beuteobjekt erwischt. Dann beginnt ein Spiel, das für eine echte Maus eine Art Showdown zu sein scheint. Dem erfolgreichen Jäger geht es dabei aber keinesfalls um ein grausames Spiel, das er aus reiner Lust am Morden endlos hinzieht. Katzen bauen beim Hochschleudern und Umspringen der Beute Anspannung ab. Das ist wichtig, um den Erregungszustand hinter sich zu lassen und auf normalem Level wieder klar denken zu können. Bei einem besonders gefährlichen oder schwierigen Beuteobjekt fällt das Erleichterungsspiel noch viel wilder aus als bei einer leichten Beute.
Der Abbau zuvor schrittweise aufgebauter Anspannung sollte auch ins Spiel eingebaut werden. Ansonsten drohen Überreaktionen.

**WALLUNG** Beim Spielen kommen auch Perserkatzen so richtig in Wallung.

**ANPIRSCHEN** Schon das kleine Kätzchen zeigt im Spiel perfektes Anpirschen.

# KLETTERSPASS
## *und jede Menge Sprünge*

Katzen klettern für ihr Leben gerne. Manche zieht es dabei in Schwindel erregende Höhen, andere beschränken sich lieber auf Weidezaunpfahl-Maß. Wobei auch Klettermuffel in brisanten Situationen rasant auf himmelhohe Bäume asten – dann allerdings oft mit anschließender Notrettung durch die mit langen Leitern bestückte Nachbarschaft.

Klettern ist Ganzkörper-Training. Es stählt die Muskeln, erhält Bänder und Sehnen geschmeidig. Es schult die Balance und Konzentration. Nicht zuletzt wetzen sich dabei auch noch die kräftig wachsenden Krallen ab, wodurch sich das Kürzen mit Zange meist erübrigt. Und oben angekommen, belohnt eine sagenhafte Aussicht den schnurrenden Free Climber.

## KRATZBÄUME

Was könnte der Klettereuphorie näherkommen als ein Kratzbaum? Zumal die Auswahl an Möglichkeiten dem kulinarischen Angebot des Schlaraffenlandes gleicht. Deckenhoch, dezent bis zur Fensterbank reichend, säulenförmig oder verzweigt wie ein jahrhundertealter Baum ... Stubentiger freuen sich über alles.

Was bei der Auswahl entscheidend ist? Sicherheit und der eigene Geschmack. Robuste, schadstofffreie Materialien, die sich leicht reinigen lassen, sind ebenso wichtig wie eine stabile Verarbeitung. Scharfe Kanten, Nägel, Drähte oder andere Gefahrenquellen sind tabu. Vorsicht auch bei zusätzlich am Kratzbaum befestigten Spielobjekten. Verschluckbare Kleinteile und Bänder, an denen sich ein vierbeiniger Klettermaxe selbst strangulieren kann, sind brandgefährlich.

Was die Ausmaße des Kratzbaumes angeht, ist die Körpergröße der Katze entscheidend. Leben Megakatzen wie Maine Coons oder Norwegische Waldkatzen im Haus, muss ein Kratzbaum mit besonders großzügigem Platzangebot, zuverlässiger Stabilität und Standhaftigkeit her. Zarte Fliegengewichte arrangieren sich auch mit qualitativ hochwertiger Leichtbauweise.

Ein Kratzbaum sollte auch zur Wohnungseinrichtung passen. Warum? Weil er ansonsten über kurz oder lang in der hintersten Ecke landet. Und genau das missfällt der schnurrenden Zunft. Das persönliche Kletter-Paradies gehört an eine zentrale Stelle, wo es staunende Zuschauer, anerkennende Blicke und Interessantes zum Beobachten gibt. Kratzbäume sind für Katzen Teil ihrer aktiven Welt. Die ist nicht dort, wo Entspannen und Schlafen angesagt sind. Diese Welt ist mitten im Geschehen, im Herzen des Familienlebens.

## NATÜRLICHER KLETTERSPASS

Baumstämme sind eine schöne und
natürliche Klettermöglichkeit. Einfach
beim Förster oder im Holzhandel nach-
fragen, da finden sich oft geeignete
Modelle. Auf der oberen Schnittfläche
ein Liegebrett anbringen, denn eine
Chill-Out-Zone krönt den naturver-
bundenen Kletterspaß.
Tipp: Glatte Baumstämme einfach mit
einem dicken Sisalseil umwickeln. Das
erleichtert den Aufstieg und erhöht den
Kratz-Spaß.

**ZUSÄTZLICHE SPIELZEUGE** verleihen Kratzbäumen immer wieder neuen Reiz.

# Checkliste

### CHECKLISTE KRATZBAUM

- [ ] **ungiftige, robuste Materialien**

- [ ] **leicht zu reinigen**

- [ ] **keine scharfen Ecken und Kanten**

- [ ] **saubere Verarbeitung ohne sichtbare Nägel, Schrauben etc.**

- [ ] **stabiler Stand**

- [ ] **keine verschluckbaren Kleinteile**

- [ ] **keine Strangulationsgefahr**

- [ ] **Größe passt zur Katze**

- [ ] **Liegeflächen**

- [ ] **Höhle zum Verstecken**

# KLETTERSEILE

Akrobatisch veranlagte Samtpfoten erklimmen auch problemlos Kletterseile
und Strickleitern. Vor allem schlanke,
athletische Rassen wie Thais, Somalis,
Siamkatzen, Burmesen oder andere im
orientalischen Typ stehende Sportler
überzeugen dabei mit enormem Talent.
Schwerer gebauten Stubentigern gefällt
dieses Extrem-Climbing meist nur in
Ausnahmefällen, im ungestümen Jugend-
alter oder während der täglichen „Fünf
dollen Minuten". Wichtig: Beim Befestigen des Kletterseils auf einen stabilen
Halt achten, damit es auch einer schwung-
vollen Schaukelattacke standhält.

# SPRINGEN WIE EIN FLUMMI

Weit- und Hochspringern fährt neidvolle
Blässe in die Gesichter, wenn sie eine
Katze beim Sprung beobachten. Sie über-
windet mit Leichtigkeit Distanzen, die
ihre eigene Körperhöhe und -länge um

ein Vielfaches übertreffen. Ein zwei Meter hoher Wohnzimmerschrank? Eine willkommene Herausforderung. Ein verwegener Hechtsprung quer über den Couchtisch? Locker. In Notsituationen entfalten Stubentiger sogar ein rekordverdächtiges Sprungvermögen von über zwei Metern. Einige Rassen sind allerdings noch begabter als andere: Bengalen, Abessinier, Siamesen und Burmesen überzeugen als absolute Top-Springer. Wogegen Britisch Kurzhaar und Perser meistens eher kleine Sprünge vorziehen.

**WAGHALSIG?** Nein. Katzen sind exzellente Springer und schätzen ihr Talent meistens richtig ein.

**ICH FANG' DICH!** Manche Katzen sind besonders sprungfreudig.

Angebote sollten Katzenhalter jedoch auf alle Fälle schaffen, denn raffinierte Sprungschanzen gestalten das Indoor-Paradies abwechslungsreicher.

## SPRUNGSCHANZEN

Außerdem verhindern speziell für springfreudige Katzen entwickelte Accessoires die Umwandlung der Einrichtung in einen Spring-Parcours. Als Sprungschanzen bieten sich Kratzbäume mit Sitzbrettern auf verschiedenen Ebenen an. Ideal sind Bretter, deren Platzierung Sprünge von einer Zone zur nächsten ermöglicht. Da auch der Satz in die Tiefe oder das Hochschnellen vom Boden aus für Stubentiger attraktive Herausforderungen sind, sollte rund um den Kratzbaum Platz für solche Kapriolen sein. Ein weicher, griffiger Untergrund ist besser als ein harter, glatter Boden. Auf jeden Fall sollten sich keine gefährlichen Objekte mit spitzen Kanten in der Springzone befinden. Ansonsten endet das Springvergnügen in der Tierarztpraxis.

# *Stiller*
# BEOBACHTER

Wenn es Katzen in luftige Höhen zieht, liegt dem meist ein simples Bedürfnis zugrunde: Sie wollen mehr Überblick. Stubentiger verbringen oft mehrere Stunden des Tages damit, aus der Vogelperspektive die Familie zu überwachen, wenn sie die Möglichkeit dazu haben.

## HOCHSITZE

Da Indoor-Schönheiten auf den höchsten Ast im Baum des Gartens verzichten müssen, stößt die Einrichtung hoch gelegener Aussichtsposten auf helle Begeisterung. Hier kommt wiederum das Must Have

**MITTENDRIN UND OBENAUF!** Die komfortable Liegefläche bietet den perfekten Überblick.

**BLICK INS GRÜNE** Auch Indoor-Katzen beobachten gerne das Geschehen draußen.

die Fensterbank legen oder eine spezielle Liegemulde zum Festklemmen anbringen. Die ideale Lösung für Fenster mit extrem schmaler Fensterbank.

## HEIZUNGSNESTER

In der kalten Jahreszeit lockt ein weiteres Extra, das gleich mehrere Wünsche der Katze erfüllt: Ein Liegeplatz, der sich mit wenigen Handgriffen an der Heizung befestigen lässt. Mehr Weitblick und gleichzeitig ein herrlich warmes Kuschelnest – ein Traum für vierbeinige Schmuser.

der Katzenhaltung, der Kratzbaum, ins Spiel. Umso höher er ist, desto besser für die voyeuristische Ader der schnurrenden Zunft. Zu klein sollte die oberste Sitz- oder Liegefläche deshalb nicht sein. Schließlich sind dort ausgiebige Sitzungen geplant.

## FENSTERPLÄTZE

Ist in der Wohnung wenig los, macht sich Langeweile breit. Also auf zum zweitliebsten Beobachtungsposten, dem am Fenster. Mäusefänger schätzen den Ausblick hinaus ins Freie. Vorbeifliegende Vögel entlocken ihnen geifernde Töne. Flatternde Schmetterlinge lassen die Pfoten gegen die Fensterscheiben trommeln. Aber auch der ganz normale Straßenalltag mit Autos, Fußgängern und all dem anderen Treiben fasziniert. Ein Liegeplatz am Fenster ist schnell eingerichtet: einfach ein kuscheliges Liegekissen auf

**KUSCHELIG** und unwiderstehlich: ein Heizungsnest.

43

# *Ganz tief schürfen –*
# KRALLENWETZEN

Klettern, Springen, Beobachten und gemütlich Kuscheln – alles beste Voraussetzungen für ein rundum zufriedenes Leben im Indoor-Paradies, aber es gehört noch mehr dazu. Schließlich wollen auch die spitzen Krallen der Katze, die sie draußen an Baumrinden wetzt oder beherzt an hölzernen Zaunpfählen schärft, gefordert werden. Forderung ist das richtige Wort. Denn bietet die Wohnung keine speziellen Kratzwelten, erschafft der Stubentiger mit zerstörerischer Pfote selber welche.

## KRATZZONEN

Umso ratsamer ist es, die fatale Umnutzung der Tapete, des Ledersessels oder der Bettkante durch reizvolle Kratzzonen zu entlasten. Wieder angeführt vom Kratzbaum, der sich in der Indoor-Katzenwelt als Multifunktions-Zone erweist. Mit Sisal ummantelte Pfosten halten selbst eifrigsten Krallen über Monate hinweg stand. Hängt irgendwann alles in Fetzen, muss nicht gleich ein neuer Kratzbaum her, einfach ein neues Sisalseil um den Pfosten schlingen und die Krallen dürfen die Naturfaser weiterhin einem Härtetest unterziehen. Tipp: Schmale und mittlere Schiffstaue eignen sich auch zur Kratzbaumgestaltung.

## KRATZBRETTER

Wo ein Kratzbaum alleine womöglich nicht reicht, kommen Kratzbretter ins Spiel. Sie führen kratzwütige Katzen mit den verschiedensten Variationen in Versuchung – meistens mit Erfolg. Es gibt schmale, hohe Kratzbretter für Zimmerecken, halbrunde mit stabiler Bodenlage und viele mehr. Tipp: Vor der Anschaffung die zukünftigen Kratzbereiche ausmessen und dann gezielt einkaufen gehen. Nimmt der Stubentiger das Brett nicht an, einfach den Standort wechseln.

## *Info*

### KRATZSPIELE

Praktisch und zugleich mit hohem Fun-Faktor buhlen Kratzspiele um die Gunst der Samtpfoten. Sisal, gewellte Pappe und andere krallentaugliche Materialien sind das Herzstück dieser Bestseller, die es in vielen Größen und in den unterschieclichsten Ausführungen gibt. Nachteil: Kratzspiele sehen schnell unansehnlich aus. Besonders dann, wenn sie richtig gut sind. Tipp: Gleich mehrere Modelle besorgen und öfter mal austauschen. Dann wecken sie auch immer wieder aufs Neue das Interesse.

# *Auf Darwins Spuren –*
# ENTDECKERGEIST

Katzen lieben Abwechslung. Schließlich gestalten sich die Tage in der freien Natur auch immer anders. Jeder Streifzug birgt neue Entdeckungen. Keine Maus trippelt täglich exakt denselben Weg entlang. Auch der Flug der Vögel und Schmetterlinge überrascht durch kreative Streckenwahl. Gerade all das macht das Leben interessant. Stubentiger freuen sich über ein ähnlich kreatives Angebot, das für prickelnde Abenteuer sorgt.

**ABWECHSLUNGSREICH** sollten Katzenspielzeuge sein. Und öfter mal was Neues ausprobieren!

## ÖFTER MAL WAS NEUES

Ein Lieblingsspielzeug? Mag es geben, aber auf die meisten Schnurrer üben neue Objekte einen noch viel unwiderstehlicheren Reiz aus. Deshalb gehört Abwechslung in den Indoor-Alltag. Katzen schätzen Herausforderungen. Unbekannte Zonen zu erforschen, gehört dazu, und die lassen sich mit etwas Einfallsreichtum spielend leicht schaffen. Ein simpler Umzugskarton mit ausgeschnittenen Fenstern und Türen mischt mindestens zwei Tage lang die Samtpfoten-Schar auf. Danach: weg damit. Ein indianischer Dream Catcher, ein mit Federn und Netzen verziertes Objekt, das laut Legende böse Träume fernhält, erweist sich als weiteres Katzen-Highlight. Einfach mit einem Band mittig an einem Türrahmen befestigen und herunter hängen lassen. Das verleiht nicht nur der Inneneinrichtung vorübergehend einen exotischen Touch, sondern sorgt bei Katzen für Dauer-Belagerung, Springen, Hangeln und Angeln – ein Riesenspaß. Um die Spannung aufrechtzuerhalten, empfiehlt sich, das Spiel nur im Beisein des Katzenhalters zu erlauben und den Dream Catcher ansonsten abzunehmen. Das steigert zusätzlich den Reiz und beugt frühzeitigem Verschleiß vor. Ansonsten wird das kurzweilige Objekt kein langes Leben haben.

### NICHT ALLEINE DAMIT SPIELEN LASSEN!

Das gilt generell für viele Spielzeuge. Alles, was Federn, Bändchen, angenähte Glöckchen oder andere Kleinteile schmückt, ist ausschließlich für das gemeinsame Spiel von Katze und Mensch gedacht, auch die beliebten Federwedel und Angelspiele. Im Alleingang genossen, bergen diese Spielzeuge zwei Risiken: Zum Einen sind sie innerhalb weniger Stunden komplett zerlegt, zum Anderen fressen manche Katzen abgerissene Teile, was gesundheitliche Gefahren birgt.

### FÜR EINSAME SPIELSTUNDEN

Es gibt aber auch Spielzeuge, die sich schon für Dauernutzung und auch einsame Spielstunden anbieten. Dazu

**VOGEL-LOOK** Ungewöhnlich und heiß begehrt: Spielzeuge im Vogel-Look.

gehören mit Öffnungen versehene Spielbälle, die mit Trockenfutter-Füllung als langfristiger Spaß mit hohem Belohnungsfaktor locken. Auch Spielzeuge aus Canvas oder Sisal bieten eine höhere Haltbarkeit als Plüsch.

## NICHT IMMER ALLES GLEICHZEITIG

Es gibt einen weiteren, todsicheren Trick gegen Langeweile: Eine Katzen-Spielzeug-Kiste aufstellen, verschiedene Objekte darin lagern und diese alle paar Tage austauschen. Umso mehr Spielzeuge in der Schatzkiste ruhen, desto besser. Dann ist sogar ein täglicher Austausch möglich und jedes einzelne Spielzeug kommt nur im Wochenrhythmus zum Einsatz. Dieses System erhält über lange Zeit hinweg den Reiz der Objekte und weckt den Entdeckergeist immer wieder aufs Neue.

## UNGEWÖHNLICHE HERAUSFORDERUNGEN

Es müssen nicht immer Katzenspielzeuge sein. Herausforderungen, die kleine und große Entdecker faszinieren, lassen sich aus Alltagssituationen erschaffen: Eine Papiertüte vom Einkauf – mit durchtrennten Haltegriffen, damit die Katze sich nicht stranguliert – ein paar Stunden auf dem Boden liegen lassen. Den halb geöffneten Pappkarton einer Paketsendung in den Flur legen. An schwer erreichbarer Stelle ein Leckerchen platzieren, nach dem der Stubentiger hangeln muss, bevor er ihn herausfischt und verspeist.

# *Und jetzt wie Sherlock Holmes –*
# SUCHEN & FINDEN

Die Tiefen des Kleiderschranks, eine halb offene Schublade, das Abenteuerreich unter dem Bett … Die schnurrende Zunft liebt Verstecke jeder Art und bringt sich beim Ausleben dieser Leidenschaft mitunter sogar in Gefahr. Ungewolltes Feststecken, versehentliches Einschließen und andere Risiken lassen sich jedoch vorbeugen –, indem beim Aufbau des Indoor-Paradieses ganz gezielt Verstecke entstehen.

## DIE BESTEN VERSTECKE

Gute Katzenverstecke sind schwer zu erreichen und leicht zu verteidigen. So verwandeln sich auf der obersten Etage des Kratzbaumes thronende Höhlen zur uneinnehmbaren Festung. Ein genialer Spaß – auch, wenn der Vierbeiner mal seine Ruhe haben möchte. Manche Katzen lieben auch Tunnel, die geheime Schlupfwinkel bieten.

**EIN PAPPKARTON** ist ein tolles Versteck, günstig und beflügelt die Spiellaune.

**DU SIEHST MICH NICHT** – ich habe dich aber längst entdeckt.

## KATZE VERSTECKT SICH – MENSCH VERSTECKT SICH

Katzen verstecken sich eigentlich immer gerne. Einige lieben es aber auch, ihren gut versteckten Menschen zu suchen. Norwegische Waldkatzen und Maine Coons scheinen hierfür eine ganz besondere Befähigung mitzubringen. Dem gemeinsamen Spiel geht eine Aufforderung voran. Die Katze darf ruhig sehen, wie sich ihr Zweibeiner verschmitzt hinter der Couch oder einer Tür verbirgt. Wenn er dann auffordernd mit dem Finger Kratzgeräusche macht, stürmen begeisterte Versteckspieler mit hoch erhobenem Schwanz los und überfallen ihr Opfer. Tipp: Auch wenn der sportliche Ehrgeiz entflammt ... – die Katze sollte immer Sieger bleiben.

**SUCH' MICH.** Verstecken auf Katzenart.

# *Hochleistungs-*
# SPORT

Versteckspielen? Lustig, aber vielleicht eher etwas für ruhigere Gemüter. Energiebündel, zu denen vor allem im orientalischen Schlanktyp stehende Katzen gehören, pflegen noch ganz andere Hobbys. High Speed ist angesagt, knifflige Aufgaben für lernwillige Schlauköpfe locken und sogar klassischer Hundesport setzt neue spielerische Dimensionen.

## CAT AGILITY

Natürlich stammt dieser Trend aus den USA, wo schon seit 2003 offizielle Cat-Agility-Turniere sportliche Katzen und ihre Halter herausfordern. Bei diesem Sport geht es darum, einen Hindernis-Parcours möglichst fehlerfrei und schnell zu meistern. Inspiriert wurde das Ganze durch Dog Agility, eine Sportart, die einen regelrechten Boom erlebte und in vielen Ländern regelmäßig Tausende von Fans versammelt.

Cat Agility ist nicht so populär, aber ebenfalls im Kommen.

Bei Wettkämpfen finden sich Katze und Mensch in einem circa sechs Meter breiten und drei Meter langen Parcours wieder, den ein Sicherheitsnetz umgibt. Dieses Netz verhindert ungewollte Exkursionen. In diesem Parcours gibt es verschiedene Hindernisse. Tunnel, Leiter, Slalomstangen, Reifen, Hürde und Stufen sind die Klassiker. Sie kommen den natürlichen Bedürfnissen der Katze entgegen, weil sie Klettern, Schlängeln und Springen vereinen.

**STEP EINS** Die Katze wird schrittweise mit der neuen Herausforderung vertraut gemacht.

**STEP ZWEI** Ein Spielzeug lockt und weist der Katze den richtigen Weg.

## *Info*

**VORAUSSETZUNGEN FÜR CAT AGILITY**
Stubentiger brauchen bestimmte Voraussetzungen für Cat Agility: Sie sollten aus-
gewachsen und kerngesund sein. Herz-
Kreislauf-Erkrankungen und Probleme
des Bewegungsapparates sind absolute
Ausschlusskriterien. Außerdem ist Cat
Agility nur dann eine tolle Bereicherung,
wenn sich die Katze für rasanten Sport
begeistert. Und damit das so bleibt, dürfen
die Trainingseinheiten nicht zu lang aus
fallen. Täglich maximal zweimal trainieren –
jeweils maximal fünf Minuten.

## ZU HAUSE TRAINIEREN

Cat Agility ist nicht nur Wettkampfsport, sondern auch eine schwungvolle Bereicherung des Indoor-Alltags. Es gibt spezielle Agility-Sets, die aus den wichtigsten Hindernissen bestehen und sich ganz leicht auf- und abbauen lassen. Viel Platz ist nicht erforderlich. Es reicht ein Bereich von mindestens zwei Metern Länge und einem Meter Breite. Natürlich lassen sich Agility-Hindernisse auch selbst bauen. Einfach PVC-Rohre besorgen, auf Maß zuschneiden und beidseitig auf zwei Stühle oder Kisten legen. Beim Parcours „Marke Eigenbau" unbedingt auf Stabilität und die Vermeidung von Verletzungsrisiken achten. Auch umstürzende Stühle dürften sogar eine agilitybegeisterte Katze dermaßen verschrecken, dass der gut gemeinte Spaß ein vorzeitiges Ende findet und der bis dahin erarbeitete Trainingserfolg einen herben Rückschlag erleidet.

**WICHTIG:** Auch zu Hause ohne Druck und Zwang arbeiten. Schließlich soll das neue Hobby Spaß machen. Ganz entspannt mit einem Hindernis beginnen und die Katze mithilfe von Spielzeugen motivieren. Das funktioniert bei den meisten ganz wunderbar. Leckerchen verleihen schnurrenden Schlemmermäulern womöglich auch Flügel, sind aber eher zu meiden, weil sie unerwünschte Pfunde bescheren. Falls über Futter trainiert wird, sollte das von der Tagesration der Katze abgezogen werden. Bei offiziellen Wettkämpfen ist der Einsatz von Futtermitteln generell verboten. Generell ist das kein Problem, weil die meisten Katzen spielzeugorientiert sind.

Das Training wird schrittweise aufgebaut. Zuerst mit nur jeweils einem Hindernis üben, bis der Stubentiger alle Herausforderungen kennt. Dann erfolgt das Training an kombinierten Hindernissen, bis schließlich der ganze Parcours steht. Als Springhilfe dienen Laserpointer, Angeln und andere Spielzeuge.

**STEP DREI** Der erste Sprung! Und zur Belohnung wird kräftig gespielt.

# *Pfiffige* SPIELIDEEN

Gute Katzenspielzeuge befriedigen die natürlichen Bedürfnisse der unternehmungslustigen Mäusefänger. Die meisten Vorlieben haben mit der jagdlichen Motivation zu tun. Dabei geht es ums Auflauern, Anpirschen, um blitzschnelles Zuschlagen und Beutefang. Wobei das reichhaltige Spielangebot eines echten Indoor-Katzen-Paradieses sicherlich noch viel abwechslungsreicher ist, als die Jagd draußen im Garten oder im Feld.

## ANGELN & HANGELN

Angelspiele sind ein Muss in der Spielwelt einer Wohnungskatze. Ihr ganz großes

Plus: Die Jagd auf das an der Angelschnur befestigte Objekt erfolgt gemeinsam mit dem Menschen und macht deshalb gleich doppelt Spaß. Da der Einsatz des Angelspiels völlig variabel ist, entstehen immer wieder neue Spielsituationen und damit ein wirksamer Reiz. Mal zieht der zweibeinige Spielpartner die Angel einfach über den Boden, mal wirbelt er sie hoch durch die Luft oder steuert sie zielstrebig am Kratzbaum hoch hinauf in luftige Höhen, um die Free-Climber-Qualitäten der Katze zu wecken. Was auch immer geschieht: Der Stubentiger kommt voll auf seine Kosten. Beobachten, Hangeln, Abwarten, Zupacken und soziales Miteinander sind garantiert.

**ABWECHSLUNGSREICH** Im Indoor-Paradies locken viel mehr Versuchungen als draußen.

**INTERESSANT!** Pfiffige Katzenhalter überraschen mit immer neuen Spielideen.

**FÜHLT SICH GUT AN.** Unterschiedliche Oberflächen stimulieren die Sinne.

**UNWIDERSTEHLICHES SURREN** Ein batteriebetriebener Käfer mit Suchtfaktor.

## TASTEN & SPÜREN

Katzen hangeln leidenschaftlich gerne mit den Pfoten nach kleinen Beuteobjekten. Umso schwieriger diese zu erreichen sind, desto besser. Da tiefe Mauselöcher nicht zur typischen Wohnungsausstattung gehören, übernehmen Spielzeuge mit hohem Tastfaktor diese Rolle. Begehrt sind hohle Plastikringe, in deren Rinne ein Ball oder ein Mäuschen Runden drehen. Dabei gibt es zwei Varianten: Beuteobjekte, denen die Katzenpfoten ordentlich Schwung verleihen und welche, in denen eine Batterie die Szene in Gang hält. Praktisch sind auch Kratzmöbel, die den Tastsinn mit verschiedenen Oberflächen und kleinen Öffnungen stimulieren. Zum ausgiebigen Kratzen animieren Spielzeuge mit integriertem Kratzpad, einer speziellen Fläche zum Krallenwetzen.

## HÖREN & STAUNEN

Hörbücher sind hierbei weniger gefragt, spannende Geräusche dafür umso mehr. Alles was knistert, raschelt und fiept,

lässt Katzen die Ohren spitzen. Warum? Weil diese Geräuschkulisse in der freien Natur greifbar nahen Jagderfolg verheißt. Mäuse und andere Beutetiere geben Töne in hohen Frequenzen von sich und rascheln unter herbstlichem Laub. All das lässt sich auch im gemütlichen Zuhause problemlos inszenieren. Tunnel mit Knisterfolie, Spielzeuge mit quietschendem oder fiependem Innenleben, mit Trockenfutter gefüllte Bälle, mit Glöckchen oder Rasseln versehene Fellmäuse ... Alles, was für Katzenohren wie Himmelsklänge tönt, gehört hinein ins Indoor-Paradies.

## FÜR KLUGE KÖPFE

Und dann gibt es Katzen, die Denksport schätzen. Sie eilen mit freudig erhobenem Schwanz und glänzenden Augen herbei, sobald ihr Mensch in Einsteins Trickkiste greift. Brettspiele, unter deren hohlen Hütchen oder hölzernen Kugeln sich kulinarische Kostbarkeiten verbergen oder schneckenförmig angelegte Labyrinthe, die erst nach wohl durchdachtem Pfoteneinsatz Belohnungen Preis geben.

**KÖPFCHEN** brauchen Katzen, um die Raffinessen dieses Intelligenz-Spiels auszutricksen.

## Info

**DUFTES SPIELZEUG**
Die Welt der Düfte fasziniert Katzen. Vor allem, wenn es sich um unwiderstehliche Schnuppererlebnisse wie mit Katzenminze oder Baldrian beträufelte Holz-, Sisal- oder Filz-Spielzeuge handelt. Tipp: Vorbehandelte Spielzeuge regelmäßig mit neuem Duft besprühen.

## TRICK CATS

Trickdogging ist bereits ein Volkssport. Es gibt kaum noch einen Hundehalter, der seinem bellenden Freund keine Kunststücke beibringt. Die Möglichkeiten reichen vom einfachen Pfötchengeben, über gemeinsames Seilspringen bis hin zu hollywoodreifen Tricks. Doch weshalb sind es eigentlich überwiegend Hunde, die sich hier brüsten? Auch Stubentiger erlernen Kunststücke und das sogar mit Feuereifer. Vorausgesetzt, die Tricks werden dem individuellen Temperament der Katze angepasst und die Trainingsmethode stimmt. Lock-Spielzeuge und ganz besondere Leckerbissen sind der Schlüssel zum Erfolg.
Als Einsteiger-Tricks bieten sich Pfötchen-Touch und Männchen an. Für den Pfötchen-Touch einfach eine zur Faust geschlossene Hand mit einem duftenden Leckerchen im Inneren vor die Katzenase halten. Dann abwarten und beobachten. Die Katze wird nun versuchen, irgendwie an den Leckerbissen zu kommen. Vermutlich stupst sie die Faust zuerst mit

der Nase an. Das wird ignoriert. Doch sobald sie die Pfote hebt und die Faust berührt, öffnet sich die Hand und gibt das Leckerchen frei. Mehrmals wiederholen und mit dem Stimmsignal „Pfötchen" verknüpfen. Nach einiger Zeit gibt es nur noch in unregelmäßigen Abständen ein Leckerchen, aber oft genug, um die Motivation zu erhalten.

Beim Männchen lockt man die Katze mithilfe eines attraktiven Spielzeugs auf die Hinterbeine. Sobald sich der Stubentiger

**STEP EINS** Ein Spielzeug dient als Lockvogel.

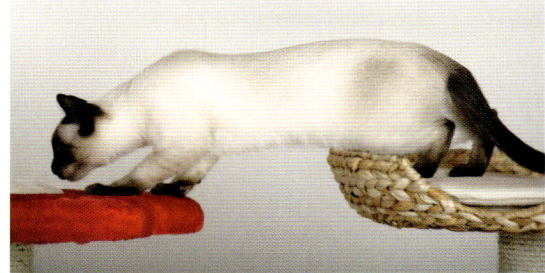

**STEP ZWEI** Erfolgserlebnis – das bestärkt.

**STEP DREI** Geschafft. Jetzt ein Signalwort einführen.

in der gewünschten Position befindet, erfolgt das Stimmsignal „Männchen" und es gibt ein Leckerchen mit der freien Hand. Mit der Zeit die Verweildauer in der Männchen-Position verlängern. Abhängig vom Temperament der Katze lassen sich auf diese Weise viele lustige Tricks erarbeiten, die später alleine auf Stimmsignal hin funktionieren. Eindrucksvoll und obendrein eine Riesen-Herausforderung, die keine Langeweile aufkommen lässt.

# SÜSSE TRÄUME –
## *die besten Schlaf- und Ruheplätze*

Wer ausgelassen spielt, ist auch irgendwann müde. Weshalb auch katzengerechte
Schlafplätze zum Indoor-Paradies gehören. Doch wo haben sanfte Schnurrer
besonders süße Träume? Das ist Charak-
tersache. Denn während sich manche
Samtpfoten liebend gerne in die Kissen
kuscheliger Bettchen schmiegen, ziehen
andere den ungepolsterten Futon-Stil
vor. Wieder andere schlagen sofort mit
der Pfote ein, wenn ihnen ihr Mensch
ein warmes Plätzchen in seinem
Bett anbietet.

## KRATZBAUM

Eigentlich ist er die Hochburg katzenge-
rechter Aktivität. Der Kratzbaum vermag
aber auch eine Stätte Kraft spendender
Schlummerstunden zu sein. Vor allem
dann, wenn neben den Kletter- und Kratz-
landschaften auch ansprechende Ruhe-

**SÜSSE TRÄUME** in kuscheligen Kissen. Für manche der allerschönste Platz.

**ANDERE** zieht es eher auf festen Untergrund. Ihnen sind Betten zu weich.

zonen zum Design gehören. Zum Schlafen darf es gerne eine höhere Etage sein. Von dort genießen Katzen vor dem Einschlafen und gleich nach dem Aufwachen einen hervorragenden Rundblick und das ist ihnen wichtig. Selbstbewusste Stubentiger ziehen sich zum Schlafen auch gerne in eine am Kratzbaum befestigte Höhle zurück. Sensiblere Zeitgenossen machen das oft nur, wenn die Höhle zwei Ausgänge hat. Sie meiden Situationen, in denen sie in die Enge gedrängt werden könnten.

## KUSCHELHÖHLEN

Katzen, die sich wohl und sicher fühlen, legen auch gerne in der Geborgenheit am Boden stehender Kuschelhöhlen ein Schläfchen ein. Junge und ältere Samtpfoten scheinen dabei eher auf gut gepolsterte Kissen-Landschaften zu setzen als ausgewachsene Artgenossen, denen ein Prinzessin-auf-der-Erbse-Dasein oftmals widerstrebt.

Übrigens ist es sinnvoll, gleich mehrere Schlaf- und Ruheplätze einzuplanen. Katzen neigen dazu, ihre Chill-Out-Zonen ständig zu wechseln. Manche ziehen in einer einzigen Nacht gleich mehrmals um.

## RITUALE

Katzen lieben Rituale. Vielleicht brauchen sie diese auch einfach. Deshalb suchen sie ihre Ruhe- und Schlafplätze oft zu ähnlichen Zeiten auf. Womöglich beginnt das Chill-Out-Ritual auf dem Kratzbaum, setzt sich nach drei Stunden auf dem Wohnzimmersessel fort, um schließlich in der Kuschelhöhle seinen Ausklang zu finden. Stört irgendetwas das Ritual, ist Stress vorprogrammiert.

# Katzen-
# ARCHITEKTUR

Stubentiger brauchen keinen 350 Quadratmeter großen Luxuspalast, um sich wohlzufühlen. Sie kommen durchaus auch in einer kleinen Wohnung klar. Allerdings sollten darin nicht zu viele Katzen leben. Wichtig ist, dass jede Samtpfote ihren eigenen Futterplatz, private Ruhe- und Schlafzonen und Spielmöglichkeiten hat. Außerdem muss jede ausreichend Sozialkontakt mit der restlichen Familie haben.

## KLEINE WOHNUNGEN GRÖSSER MACHEN

Sehr große, aufgeräumte Wohnbereiche stoßen bei Katzen übrigens meistens auf weniger Gegenliebe als kleine verwinkelte Wohnungen, in denen es spannende Versteckmöglichkeiten und immer wieder Neues zu entdecken gibt. Ist wirklich sehr

**HINEIN INS VERGNÜGEN**
Viele Möbel bieten jede Menge Katzenspaß.

wenig Platz vorhanden, lässt sich das Indoor-Paradies relativ einfach vergrößern – aus Katzensicht zumindest. Der Lebensraum wächst, indem gezielt verschiedene Ebenen entstehen: deckenhohe Kratzbäume mit zahlreichen Liegflächen auf verschiedenen Höhen, ein Balancebrett oder Kletterseil, das hinauf zum Schrank führt, an der Wand befestigte Sitzbretter, die der Stubentiger – dank der versetzten Anordnung – mit einzelnen Sprüngen erklimmen kann.

## GROSSE WOHNUNGEN KLEINER MACHEN

Während in kleinen Wohnungen die Aktivitäts- und Ruhezonen der Katze in die Höhe wachsen, ist in großzügig dimensionierten Appartements Wert auf mehr Gemütlichkeit zu legen. Hier gilt es, kleine Bereiche zu schaffen, die in sich wie eine ganze Welt wirken. Dabei helfen Abtrennungen durch Möbel, Pflanzen, Paravents oder andere dekorative Details. Das Ziel ist die Schaffung von Zonen, in denen sich spezielle Angebote für die Katze finden. Rückzugsmöglichkeiten und Beobachtungsposten, von denen der Stubentiger alles überblicken kann, ohne selbst dabei im Mittelpunkt zu stehen, sind wichtig.

[a]

[b]

[a] **VERSCHIEDENE EBENEN** schaffen Abwechslung in kleinen Wohnbereichen.

[b] **WO ES KEINE HOHEN SCHRÄNKE GIBT,** sorgen Kratzbäume für Kurzweil.

[c] **VERSTECKMÖGLICHKEITEN** sind ebenso wichtig wie spielerische Anreize.

[d] **RUHEZONEN** dienen der Entspannung und ermöglichen einen ungestörten Schlaf.

[e] **ENTDECKUNGSTOUR** Und wenn man gleich zu zweit die Einrichtung kapern kann, umso besser.

[c]

[d]

[e]

# *Katze &*
# KIND

Sie sind ein tolles Team, müssen jedoch mit Know-how und Einfühlungsvermögen aufeinander eingeschworen werden. Ist das der Fall, verstehen sich Katzen und Kinder in der Regel prächtig. Wie genau die Gewöhnung aneinander abläuft und worauf die erwachsenen Familienmitglieder besonders achten sollten, hängt von verschiedenen Faktoren ab. Das Alter des Kindes und das Temperament des Stubentigers nehmen dabei eine zentrale Rolle ein.

## BABYS

Säuglinge verkörpern für viele Katzen etwas völlig Überflüssiges. Sie sind extrem laut, schreien in hohen Tonlagen und beanspruchen viel Zeit der Eltern. Also sind sie Konkurrenz und Nervensägen zugleich. Deshalb sollten die Zweibeiner, bei aller Freude über den niedlichen Nachwuchs unbedingt darauf achten, dass auch die schnurrenden Familienmitglieder weiterhin Beachtung finden. Sicher, das fällt womöglich schwer zwischen schlaflosen Nächten und der Meisterleistung, Beruf, Alltag und Baby unter einen Hut zu bringen. Dennoch sind zwischendurch immer wieder einige Minuten drin, in

denen es mal nur um die Katze geht. Und das ist übrigens aktive Stressvorbeugung. Denn unzufriedene Samtpfoten neigen zu lästigen Unarten, die ohnehin schon unangenehm sind, im Baby-Alltag jedoch zur Nervenzerreißprobe mutieren. Tipp: Die Katze nie aussperren, wenn das Baby versorgt wird. Sie darf immer mit dabei sein, wenn sie will. Unbeaufsichtigt hat sie jedoch nichts beim Säugling verloren.

## KLEINKINDER

Von Monat zu Monat interessieren sich Kinder immer mehr für die haarigen Geschöpfe, deren vorwitzigen Köpfe sich immer wieder über den Rand der Wickelauflage recken. Sobald Kleinkinder krabbeln, sind – von vergnügtem Juchzen begleitete – Verfolgungsjagden vorprogrammiert. Jetzt kommt es ganz auf die Nervenstärke und den Humor der Katze an. Einige finden die neue Entwicklung überaus lustig, zumal sie schnell entdecken, dass der krabbelnde Winzling ohnehin der Langsamere ist. Anderen stehen die Rückenhaare zu Berge und sie reagieren mit panischer Flucht oder sogar Abwehr. Das Ganze steigert sich, sobald Kinder laufen. Die anfangs

**IM MITTELPUNKT STEHEN!** Das wollen Katzen ebenso wie Kinder. Also ist Diplomatie gefragt.

ungeschickten Bewegungen und häufiges Hinplumpsen stellen das Nervenkostüm eines Mäusefängers schon auf eine harte Probe. Deshalb in dieser Zeit besonders intensiv aufpassen und attraktive Rückzugsmöglichkeiten für die Katze schaffen, an die das Kleinkind nicht herankommt.

## SCHULKINDER

Mit Beginn des sechsten Lebensjahres sind Kinder in der Lage, unter Anleitung eines Erwachsenen, mit einer Katze umzugehen. Zwar sind sie noch zu jung, um den Stubentiger selbstständig zu versorgen, aber bei der Fütterung und Fellpflege dürfen sie unter Aufsicht mitmachen. Gemeinsames Spielen ist auch eine schöne Sache, allerdings sollten es keine wilden Aktivitäten sein, bei denen übermütigen Mäusefängern vielleicht doch einmal eine Kralle ausrutscht. Solch ein Zwischenfall belastet das Vertrauen und sollte unbedingt vermieden werden.

## DIE PUBERTÄT

Das zwölfte Lebensjahr gilt zwar allgemein als geeigneter Zeitpunkt, einem Kind sporadisch auch die selbstständige Betreuung einer Katze anzuvertrauen, es gibt jedoch auch Ausnahmen. Unter Umständen funkt die Pubertät dazwischen, was sich durch ganz andere Interessen bemerkbar machen kann.

*Info*

**DAS DÜRFEN KINDER NICHT:**

- die Katze am Schwanz oder an den Ohren ziehen
- nach der Katze schlagen oder treten
- sie beim Fressen oder Schlafen stören
- Stubentiger gegen ihren Willen festhalten
- hinter der Katze her rennen
- die Katze einsperren oder einwickeln

# *Katze &*
# HUND

Entgegen sich hartnäckig haltender Klischees, vermögen Katzen und Hunde ohne weiteres, miteinander zu leben und sogar Freundschaften zu schließen. Was den Hund angeht, ist das ausschließlich eine Frage der Erziehung, bei Samtpfoten vor allem eine der Gewöhnung. Bei älteren Tieren, die neu in die Familie kommen, kann eine unbekannte Vorgeschichte allerdings für hartnäckige Probleme sorgen.

## KÄTZCHEN

Einfach verläuft die Gewöhnung aneinander, wenn die Stubentiger noch im Kätzchenalter sind. Was sie in den ersten Lebenswochen, im Rahmen der Sozialisierung auf Umweltreize, als positive Erfahrung verbuchen, hält sich für ein Leben lang in ihren Köpfen. Deshalb ist es von Vorteil, als Hundehalter ein Kätz-

**FREUND ODER FEIND?** Darüber entscheiden Sozialisation und Erziehung.

chen aus einem Haushalt zu übernehmen, in dem katzenfreundliche Hunde leben. Aber auch nach der Übernahme mit zwölf Wochen lassen sich Katzenkinder noch gut an Hunde gewöhnen.

## ERWACHSENE KATZE

Ausgewachsene Stubentiger, die ihr Leben plötzlich mit einem Hund teilen sollen, reagieren auf diese Veränderung sehr unterschiedlich. Ausgeglichene, freundliche Gemüter arrangieren sich schnell mit der Situation. Unsichere oder ängstliche Katzen ziehen sich meistens erstmal zurück und reagieren vielleicht auch mit Unsauberkeit. Draufgänger wollen dem Neuling zeigen, wer der Chef im Ring ist. Dem Menschen kommt hierbei die Rolle eines guten Coaches zu. Seine wichtigste Aufgabe besteht darin, den Hund so im Griff zu haben, dass es zu keinerlei Übergriffen auf die Katze kommt. Kann er das nicht leisten, sollte er einen guten Hundetrainer an seine Seite holen, der die Gewöhnungsphase kompetent begleitet. Der Katze sollten zahlreiche Rückzugsmöglichkeiten zur Verfügung stehen. Und ihre Futter- und Ruheplätze sind für den Hund unzugänglich. All das entschärft mögliches Konfliktpotential.

## SCHNURRENDE SENIOREN

Sehr alten Katzen fällt die Gewöhnung an neue Situationen manchmal schwer. Deshalb müssen sie besonders sorgsam in ihren alten Rechten bestärkt werden, wenn ein Hund einzieht. Die Fress-, Spiel-

und Ruhezonen des Seniors sind für den Hund absolut tabu. Der Katzenhalter achtet penibel darauf, dass der Hund die betagte Samtpfote nicht belästigt.

## GERNE IM DUETT

Oft werden aus Katzen und Hunde sogar Freunde, die sich erfreut begrüßen und sogar gemeinsam ruhen und spielen. Das ist der Fall, wenn keiner von beiden eine Einschränkung seiner Ressourcen befürchtet. Dazu gehören Nahrung, Lieblingsplätze, Zuneigung von Seiten des Menschen und alles, was Katze und Hund ansonsten noch wichtig ist. Auch hier gilt: Ein kluges Management ist die beste Voraussetzung für ein harmonisches Miteinander.

## Info

### VORAUSSETZUNGEN FÜR EINE FREUNDSCHAFT

Ob es zwischen Katze und Hund funkt oder aber knallt, ist keine Frage der Rassen. Es gibt keine Katzenrasse, deren rassetypisches Merkmal erklärter Hundehass ist. Misstrauen und Abneigung entstehen durch schlechte Erfahrungen, mangelnde Rückzugsmöglichkeit und eingeschränkte Ressourcen. Jagdhunde und Terrier stehen in dem Ruf, gerne Katzen zu hetzen. Wenn sie das tun, liegt das allerdings nicht an ihrem genetischen Potential, sondern an einer schlechten Erziehung. Gut sozialisierte und sachkundig erzogene Hunde kommen problemlos mit der schnurrenden Zunft zurecht.

# Nicht rund und
# KERNGESUND

SCHÄTZUNGSWEISE EIN DUTZEND WOHLGENÄHRTER MÄUSE SIND ERFORDERLICH, UM DEN TÄGLICHEN NAHRUNGSBEDARF EINER KATZE ZU DECKEN. DA BRAUCHT ES SCHON EINEN FLEISSIGEN MÄUSEFÄNGER, WENN HUNGERGEFÜHLE NICHT ZUM STÄNDIGEN BEGLEITER WERDEN SOLLEN. WOHNUNGSKATZEN HABEN ES DA LEICHTER. ES GIBT OPTIMAL AUSGEWOGENE NAHRUNG, DIE ALLES BIETET, WAS STUBENTIGER GESUND ERHÄLT. LESEN SIE HIER, WIE SIE IHRE WOHNUNGSKATZE RICHTIG ERNÄHREN, PFLEGEN UND GESUND ERHALTEN.

# *Gesunde*
# ERNÄHRUNG

Hochwertige, auf die individuellen Bedürfnisse abgestimmte Fertignahrung gewährleistet eine gesunde Ernährung der Katze. Dennoch ist es wichtig, sich mit optimaler Ernährung auszukennen. Wie sollten Katzenhalter ansonsten beurteilen, ob die Nahrung, die sie kaufen, auch wirklich alles enthält, was Stubentiger brauchen. Oder ob sich vielleicht Zutaten darin befinden, die völlig überflüssig sind. Abgesehen von der Qualität der einzelnen Bestandteile ist eine hohe Verdaulichkeit und Energie- sowie Nährstoffdichte wünschenswert. Das kommt dem kleinen Katzenmagen und dem kurzen Darm des Mäusefängers sehr entgegen.

## FLEISCH

Fleisch ist der allerwichtigste Bestandteil einer katzengerechten Ernährung. Wobei es sich um hochwertiges Fleisch handeln sollte. Der Hauptlieferant tierischen Proteins ist zwar auch in Hundefutter enthalten. Dennoch ist für Hunde bestimmte Nahrung von der Zusammensetzung her in der Regel nicht für Katzen geeignet. Bei der dauerhaften Fütterung von Hundenahrung besteht die Gefahr von Unverträglichkeiten und Unterversorgung. Die bellende Zunft verträgt hingegen problemlos Katzenfutter.

Risiken gibt es auch bei der Fütterung von Schweinefleisch. Es kann nach wie vor die für Katzen tödlich verlaufende Aujeszkysche Krankheit übertragen, die für Menschen völlig ungefährlich ist. Proteine sind Aminosäuren-Lieferanten. Das gilt sowohl für tierische als auch für pflanzliche Proteine. Und die unterstützen wiederum den Muskelaufbau, den Stoffwechsel und das Zellwachstum. Manche Aminosäuren, wie zum Beispiel Taurin, können Katzen nicht selbst produzieren. Da ein Taurinmangel zu Sehstörungen und sogar Blindheit führen kann, ist es wichtig, diese Aminosäure über hochwertige Proteine abzudecken.

## FETTE

Zur Katzenernährung gehören tierische und pflanzliche Fette. Sie liefern Energie und erweisen sich als unwiderstehlicher Geschmacksträger. Außerdem fördern sie die Aufnahme der fettlöslichen Vitamine A, D, E und K. Enthält die Nahrung des Stubentigers zu wenig Fette, können Wachstumsstörungen, Hautprobleme und glanzloses Fell die Folgen sein. Fette unterstützen auch den Abtransport verschluckter Haare durch den Verdauungstrakt. Diesen Prozess unterstützen alternativ auch spezielle Pasten.

## KOHLENHYDRATE

Ein ausgelassenes Spiel, die Jagd, Katzensport, besondere Belastungen wie eine Trächtigkeit – all das erfordert einen schnell verfügbaren Energielieferanten. Kohlenhydrate erfüllen diese Aufgabe mit Bravour. In Form von Stärke und Zucker sorgen sie für Sofort-Power, bei zu viel davon allerdings auch für das Ende der Modelfigur.

## BALLASTSTOFFE

Sie sind schwer oder sogar überhaupt nicht zu verdauen. Dennoch haben Ballaststoffe eine nennenswerte Aufgabe innerhalb der katzengerechten Ernährung. Sie kurbeln die Verdauung an und beugen Verstopfungen vor.

## VITAMINE & MINERALSTOFFE

Vitamine sind gesund – das weiß jedes Kind. Allerdings nur in ausgewogenem Maße. Zu viel des Guten ist bei Stubentigern ebenso gefährlich wie eine Unterversorgung. Es gibt fettlösliche Vitamine wie die Vitamine A, D, E und K, die nur in Kombination mit Fetten vom Körper verstoffwechselt werden. Sie sind im Gegensatz zu wasserlöslichen Vitaminen wie dem Vitamin B aber leicht vom Körper zu speichern. Wasserlösliche Vitamine sollten deshalb täglich aufgenommen werden. Mineralstoffe wie Natrium, Kalium oder Magnesium unterstützen den Stoffwechsel, wenn sie in ausgewogener Menge und im richtigen Verhältnis zueinander

im Futter vorliegen. Stimmen Menge und Verhältnis nicht, drohen gesundheitliche Störungen wie Knochenmissbildungen oder Rachitis. Einige Mineralstoffe benötigen Samtpfoten nur in verschwindend geringen Mengen, weshalb sie auch als Spurenelemente bezeichnet werden. Eisen, Kupfer, Mangan, Zink, Fluor und Jod gehören dazu.

**QUALITÄT** Täglich hochwertige Nahrung füttern. Das erhält die Katze länger gesund.

**FRISCHES TRINKWASSER** sollte stets in ausreichender Menge zur Verfügung stehen.

**TROCKENNAHRUNG** Wird sie ausschließlich gefüttert, trinkt die Katze mehr.

### ACHTUNG RISIKO

- Rohes Schweinefleisch – kann die Aujeszkysche Krankheit übertragen.
- Rohe Eier – bei mangelhafter Lagerung, Haltbarkeitsüberschreitung und unhygienischer Zubereitung besteht die Gefahr einer Salmonellen-Infektion.
- Rohen Fisch – wenn überhaupt – nur in Sushi-Qualität verfüttern.
- Schokolade – das in der süßen Verführung beinhaltete Theobromin kann zu Vergiftungserscheinungen führen (Erbrechen, Durchfall, Krampfanfälle, Atemstillstand, Tod).
- Milch – viele Stubentiger reagieren mit Verdauungsstörungen auf den in Milch enthaltenen Milchzucker, heftige Durchfälle können die Folge sein. Tipp: spezielle, laktosefreie Katzenmilch kaufen.
- Hundefutter – bei einer ausschließlichen Fütterung mit Hundenahrung besteht die Gefahr einer Mangelernährung.

## WELCHES FUTTER FÜR DIE KATZ?

Knusprige Bröckchen, saftige Happen und dazu ein herrlich frischer Schluck Wasser. Das ist schon fast alles, was ein Stubentiger begehrt. Knackiges Katzengras, Leckerchen und gelegentlich mal was Richtiges zum Kauen runden das kulinarische Angebot ab.

### TROCKEN- ODER FEUCHTFUTTER?

Hochwertige Fertignahrung ist sicherlich die praktischste Möglichkeit der Katzenernährung. Es gibt Trocken- und Feuchtfutter für jede Lebensphase. Beim Kauf an das Alter und das Temperament der Katze denken. Junge, aktive Stubentiger benötigen eine höhere Energiedichte als gemächliche Senioren. Ob ausschließlich Trockenfutter, nur Feuchtfutter oder beides in Kombination miteinander in den Näpfen lockt, hängt von den individuellen Bedürfnissen und Vorlieben des Stubentigers ab. Solange er keine Gewichtsprobleme hat, kann ein Schälchen mit Trockenfutter die Zeit zwischen den Feuchtfutter-Mahlzeiten überbrücken. Sind zu viele Pfunde auf den Hüften, besser ein kalorienarmes Futter wählen und portionieren. Katzen lieben es, über den Tag verteilt kleine Portionen zu fressen. Feuchtfutter sollte aber nach spätestens einer Stunde entfernt werden, weil es sonst verderben und Verdauungsprobleme verursachen kann. Die andere Alternative ist, ausschließlich Trockenfutter zu geben. Frisches Trinkwasser, das ständig in ausreichender Menge zur Verfügung steht, ist dann besonders wichtig.

## WASSER

Ein Wassernapf gehört aber auch bei der Fütterung mit Feuchtnahrung zum festen Equipment einer Wohnungskatze. Besser noch: mehrere Wassernäpfe oder andere Gefäße aufstellen. Samtpfoten trinken mehr, wenn sie im Wohnbereich zahlreiche Trinkmöglichkeiten vorfinden. Den meisten Stubentigern missfällt es, wenn das Trinkwasser direkt neben dem Futternapf steht. Vermutlich ist das ein Erbe ihrer wilden Verwandten. Raubkatzen verzehren ihre Beute auch möglichst weit entfernt von der Wasserstelle. So fallen keine Nahrungsreste ins wertvolle Nass. Sie würden es verderben.

## SAFTIGE HALME

Katzengras ist ein Muss im Indoor-Katzenhaushalt. Es fördert die Ausscheidung verschluckter Haare und anderer Dinge, die nicht in einen Katzenmagen gehören. Somit unterstützt das dekorative Schälchen

Grün die Gesundheit. Spezielles Katzengras, das fast überall im Zoo-Fachhandel zu finden ist, eignet sich am besten.

## SPEZIELLE BEDÜRFNISSE

Es gibt Phasen im Leben einer Katze, in denen sie von speziell darauf abgestimmter Nahrung profitiert. Dazu gehören: die Trächtigkeit, die Zeit des Säugens und langwierige Erkrankungen. Für diese Phasen gibt es individuell abgestimmte Nahrung. Bei Zweifeln am besten mit dem Tierarzt sprechen.

## *Checkliste*

### KATZENERNÄHRUNG

- [ ] **Saubere Näpfe**

- [ ] **Feuchtfutter wird zimmerwarm angeboten.**

- [ ] **Nach einer Stunde werden Feuchtfutterreste entfernt.**

- [ ] **Angebrochene Feuchtfutterverpackungen hygienisch verschließen und maximal zwei Tage lang im Kühlschrank aufbewahren.**

- [ ] **Wechsel der Futtersorte immer schrittweise vornehmen.**

- [ ] **Kätzchen ab zwölf Wochen erhalten einige Monate lang drei Mahlzeiten täglich.**

- [ ] **Erwachsene Katzen zweimal täglich füttern.**

- [ ] **Senioren dreimal täglich füttern.**

# *Ideal-*
# GEWICHT

Wer träumt nicht vom Wohlfühlgewicht? Es zu erreichen und dann auch dauerhaft zu halten, geht für die meisten Zweibeiner mit Entbehrungen einher. Disziplin ist angesagt, und das fällt ganz schön schwer. Auch Stubentiger haben ein Idealgewicht. Es zu halten, ist eigentlich relativ einfach. Denn auch hier entscheidet die menschliche Disziplin über Wabbelbauch oder

**KATZENGRAS** fördert die Verdauung und die Ausscheidung verschluckter Haare.

Sportlerkörper. Das Geheimnis liegt darin, die tägliche Fütterungsmenge an das individuelle Bedürfnis der Katze anzupassen und sich durch herzerweichende Blicke nicht ständig zu kulinarischen Extragaben hinreißen zu lassen.

## NORMALGEWICHT

Insofern es eine Norm bezüglich des Katzengewichts gibt, liegt die bei durchschnittlich vier Kilogramm. Frei lebende Mäusefänger wie Bauernhof-, Stadt- oder Waldkatzen pendeln sich meistens in diesem Bereich ein. Übergewicht kommt bei ihnen nur selten vor. Stress, unregelmäßige oder keine Entwurmungen, häufige Trächtigkeiten und andere Faktoren lassen keiner Fettzelle eine Chance.

## FLIEGENGEWICHTE

Einige Rassekatzen sind wahre Fliegengewichte. Sie bringen manchmal nur knapp zwei Kilogramm auf die Waage, im ausgewachsenen Zustand. Dazu gehört die Singapura, die kleinste Katzenrasse Europas. Aber auch Orientalen wie Siamkatzen oder Burmesen zählen, trotz ihrer mittleren Körpergröße, zu den Fliegengewichten.

## MITTELKLASSE

Mittelklasse-Modelle, die durchschnittlich zwischen drei und fünf Kilogramm
auf die Waage bringen, gibt es reichlich.
Perser gehören dazu, wie auch Britisch
Kurzhaar und Türkisch Angora.

## SCHWERGEWICHTE

Sie sind Mäusefänger im XXL-Maß und
wiegen auch schon mal zehn Kilogramm:
Maine Coons. Auch bei den Norwegischen
Waldkatzen gibt es stattliche Kater, die
locker acht Kilogramm schaffen, ohne dabei auch nur ein Gramm Fett zu viel am
Körper zu haben.

## GESUNDES MITTELMASS

Es gibt allerdings auch rasseunabhängige
Indizien für Übergewicht. Wenn die
Rippen beim Abtasten der Katze nur mit
Mühe zu finden sind, liegt der Verdacht
nahe, dass die Samtpfote mehr Kalorien

**GEWICHT** Ob eine Katze ihr Idealgewicht hält, hängt
von ihrem Besitzer ab.

zu sich nimmt, als sie benötigt. Zeichnen
sich die Rippen hingegen wie Fischgräten
unter der Haut ab, ist der Stubentiger
unterernährt. Ein gesundes Mittelmaß ist
hier ein guter Ratgeber.
Tipp: Regelmäßiges Wiegen hilft, ein gesundes Körpergewicht zu erhalten. Dazu
einfach mit der Katze auf dem Arm auf
eine Personenwaage stehen und das eigene
Gewicht vom Ergebnis abziehen.

## KATZENKINDER

Bei der Geburt wiegen Kätzchen durchschnittlich 100 Gramm. Sie sollten täglich
auf einer Briefwaage gewogen werden,
denn die ständige Gewichtszunahme ist
wichtig für ihr Überleben. In der zweiten
Woche haben sie ihr Gewicht bereits
verdoppelt, bis zur dritten mindestens
verdreifacht. Bei der Abgabe mit circa
zwölf Wochen wiegen die Kleinen rund
ein Kilogramm.

*Info*

**SONDERBONUS LECKERCHEN**
Leckerchen sind durchaus in Ordnung, wenn
die Qualität stimmt und der schmackhafte
Zusatzhappen wirklich nur gelegentlich ins
gierige Katzenmäulchen wandert. Zu viel
des Guten ist schlecht für die Figur und kann
sogar der Gesundheit schaden. Leckerchen
sollten deshalb ein Sonderbonus bleiben,
den es nur zu bestimmten Anlässen gibt.

# PFLEGE
## *zum Schnurren schön*

Manche brauchen sie täglich, andere nur ab und zu. Fellpflege ist dennoch ein Thema für jeden Katzenhalter. Das üppige Haarkleid einer Perserkatze erstrahlt nur dank intensiver Zuwendung in rassetypischer Opulenz. Und auch Maine Coons und Norwegische Waldkatzen verschönert gelegentliches Bürsten durchaus. Stubentiger im kurzhaarigen Gewand wirken gepflegter, wenn sie zumindest manchmal gebürstet werden.

## PFLEGEUTENSILIEN

Gepflegte Stubentiger sind Schönheiten und fühlen sich wohler als ungepflegte Artgenossen. Für die perfekte Pflege benötigt ihr Besitzer die richtige Ausrüstung, denn unterschiedliche Fellvarietäten erfordern auch auf sie abgestimmtes Equipment. Was für alle Styling-Utensilien gilt: Bürsten, Kämme, Trennmesser, Noppenhandschuhe und Scheren sollten hochwertig verarbeitet sein. Denn qualitativ ansprechende Ausrüstung erleichtert die Arbeit und hält länger. Das gilt auch für Krallenzangen.

### SICHERE LAGERUNG
Bei minderwertigem Equipment besteht sogar die Gefahr, der Katze Unwohlsein

zu bereiten. Denn wenn es bei der Pflege piekst und kratzt oder die Krallen erst nach dem dritten Ansetzen gekürzt sind, hört für viele Stubentiger der Spaß auf. Auch die Wartung der Pflege-Ausrüstung ist empfehlenswert. Am besten nach jedem Einsatz gründlich reinigen und an sicherer Stelle verstauen. Scheren sollten getrennt voneinander lagern, weil sie stumpf werden, wenn sie in einer Schublade immer aneinanderstoßen. Auch sollten hochwertige Scheren von einem Fachmann überprüft werden, wenn sie hingefallen sind. Denn meistens verzieht sich bei dem Sturz etwas und die Schnittqualität leidet. Regelmäßiges Ölen des Scherengelenks fördert die Leichtgängigkeit beim Schneiden.

Leben mehrere Katzen in einem Haushalt, sollte jede ihr eigenes Pflege-Equipment haben. Das beugt der Übertragung von Parasiten und Hautkrankheiten vor.

### SHAMPOOS & CO.
Normalerweise müssen Katzen nicht gewaschen werden. Es gibt jedoch Ausnahmen. Zum Beispiel dann, wenn sich der Mäusefänger stark verschmutzt hat, gerade an Verdauungsproblemen mit Durchfällen leidet oder auf einer Rassekatzenausstellung um Pokale und Titel wetteifern soll. Jedenfalls ist es sinnvoll,

schon junge Samtpfoten an den Vorgang des Waschens zu gewöhnen, damit es im Ernstfall keinen Proteststurm gibt. Für die Pflege ausschließlich hochwertige Katzenshampoos verwenden.

## STYLING TIPPS FÜR JEDE LÄNGE

Lang, mittel oder kurz? Jede Felllänge bedarf einer speziellen Pflege. Glänzend, matt, glatt oder gewellt? Auch die Textur des Haarkleids erfordert Know-how. Denn nur dann bleibt der typische Look des Stubentigers auf Dauer bewahrt.

### RAPUNZELMÄHNE?

Die verschwenderische Haarpracht einer Perserkatze bedarf täglicher Pflege. Erfolgt sie nicht, drohen hartnäckige Verfilzungen, die oft schon nach wenigen Stunden nur noch mühsam mit den Fingern zu entwirren sind. Für den Katzenhalter ist das anstrengend, für die gepeinigte Samtpfote Quälerei. Denn die Entwirrung von Filzknoten schmerzt. Setzt sich der Pflegemangel über längere Zeit hinweg, helfen nur noch Trennmesser, Schere und notfalls eine Mini-Schermaschine. Ganz schlimme Fälle landen beim Tierarzt, der sie unter Vollnarkose komplett abschert. Es gibt auch Katzensalons, die sich diesem Problem annehmen. Tipp: Zum Durchtrennen massiver Filzknoten eine abgerundete Schere verwenden und den Filzknoten im 90-Grad-Winkel zur Haut hin aufschneiden, dann mit den Fingern entwirren. Professioneller ist jedoch das Auflösen mit einem Trennmesser. Denn es beeinträchtigt am wenigsten den makellosen Look.

## DIE RICHTIGEN BÜRSTEN UND KÄMME

Für üppiges Perserfell eignen sich hochwertige Drahtbürsten mit gebogenen Borsten und abgerundeten Spitzen. Bei der Feinarbeit helfen Kämme mit unterschiedlicher Zinkenbreite.

**FRÜH ANFANGEN** Je früher kleine Kätzchen die Bürste kennenlernen, desto besser.

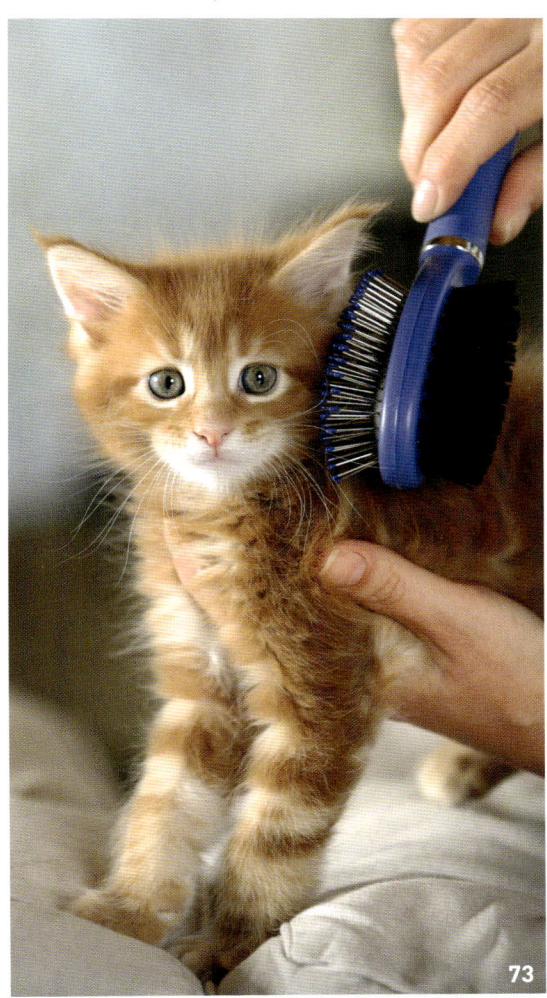

### HAARE AUF HALBMAST?

Semilanghaar-Katzen, Handtaschentiger mit halblangem Fell, sind pflegeleichter als Perser. Aber Bürste und Kämme sollten mindestens einmal pro Woche ran. Mit zunehmendem Alter intensiviert sich der Pflegeeinsatz. Aufgrund des veränderten Stoffwechsels und altersbedingter Erkrankungen verschlechtert sich oft die Fellqualität und das Haar neigt dann zum Verfilzen.

**REINLICHKEIT** wird Katzen in die Wurfkiste gelegt. Sie pflegen sich täglich.

### KRAGEN UND KNICKERBOCKER SCHONEN

Bei der Pflege von Maine Coon, Norwegischen Waldkatzen, Ragdoll, Heiliger Birma & Co. kommen auch hochwertige Drahtbürsten mit gebogenen Borsten und Kämme zum Einsatz. Allerdings ist beim Bürsten darauf zu achten, keinesfalls zu viel Unterwolle auszubürsten. Ansonsten schwindet das rassetypische Volumen der halblanghaarigen Schönheiten von Mal zu Mal. Auch an den Halskragen, Schwänzen und Knickerbockern, den üppigen Fellhöschen an den Hinterbeinen, ist Vorsicht geboten.

### SPORTLICHER KURZHAARSCHNITT

Besitzer kurzhaariger Schnurrer haben wenig mit Fellpflege zu tun. Außer, die Katze ist krank, alt oder gerade im Fellwechsel. Dennoch erhält regelmäßiges Bürsten mit weichen Borsten den Glanz des Haares. Ein Gummihandschuh mit Noppen entfernt schonend abgestorbenes Haar und Hautschuppen. Ein Fensterleder oder Seidenhandschuh sorgen für zauberhaften Glanz.

### SPLISH, SPLASH – I'M TAKING A BATH!

Ist Baden angesagt, weil sich die Katze stark verschmutzt hat oder zu einer Ausstellung soll, sind Zeit und möglichst viel Ruhe einzuplanen. Hilfreich ist es, wenn der Stubentiger bereits möglichst früh ans Baden gewöhnt wurde. Am einfachsten ist es, eine rutschfeste Unterlage in die Duschkabine oder Badewanne zu legen und die Katze daraufzusetzen. Am besten hält sie ein Helfer fest, während der andere den Duschkopf auf sanfte Berieselung mit handwarmem Wasser einstellt. Das Fell einmal komplett mit Wasser durchtränken, Ohren und Gesichtsbereich aussparen. Danach den gesamten Körper mit einem hochwertigen Katzenshampoo einmassieren, kurz einwirken lassen und gründlich ausspülen. Eventuell im zweiten Waschgang Conditioner oder andere Pflegeprodukte einarbeiten und wieder ausspülen. Danach wird die Katze in ein trockenes Frottee-Handtuch gewickelt. Das saugt die gröbste Nässe auf. Danach ist Fönen auf handwarmer, schwacher Stufe angesagt. Wichtig: Wurde der Stubentiger nicht von klein auf ans Fönen gewöhnt, kann er in einer Wohnung ohne Durchzug auch an der Luft trocknen, anschließend das Fell durchbürsten.

## OHREN, AUGEN, KRALLEN, ZÄHNE

Ohren und Augen auf – die Krallen bitte einziehen! Denn jetzt geht es ums Wellness-Programm für diese sensiblen Zonen. Die Pflege bezieht sich hierbei vor allem auf die regelmäßige Kontrolle. Denn gesunde Katzen haben mit Ohren, Augen und Krallen in der Regel keinerlei Probleme.

### OHREN

Gesunde Katzenohren sind sauber und frei von Kratzspuren. Häufiges Kopfschütteln und Kratzen an den Ohren können Hinweise auf einen Parasitenbefall oder eine Ohrenentzündung sein. In solchen Fällen den Tierarzt aufsuchen.

**EIN NACHLASSENDES PFLEGEBEDÜRFNIS** kann am Alter oder an mangelnder Gesundheit liegen.

Ansonsten reicht es, die Ohren des Wohnzimmer-Schmusers einmal pro Woche zu checken. Die äußere Ohrmuschel mit einem parfumfreien, feuchten Kosmetiktuch auswischen, falls sich darin leichte Verschmutzungen finden.

**WICHTIG** Nie mit Wattestäbchen ins Katzenohr eindringen oder Flüssigkeiten hineinträufeln. Außer, es handelt sich um ein Medikament, das ausdrücklich vom Tierarzt verschrieben wurde.

## AUGEN

Gesunde Katzenaugen sind frei von Verschmutzungen. Sie wirken klar und glänzend. Rassen mit einem extrem flachen Gesicht neigen manchmal zu Problemen mit den Tränenkanälen, was oft zu dunkelroten Krusten in den Augenwinkeln führt. Diese mit einem feuchten, unparfümierten Kosmetiktuch einweichen und entfernen. Genauso funktioniert es, wenn mal aus anderen Gründen leichte Verschmutzungen in den Augenwinkeln kleben. Ansonsten bedürfen Katzenaugen kaum der Pflege.

**WICHTIG** Wattepads und Kamillentee haben nichts an Katzenaugen verloren. Die Pads fusseln und so gelangen Fasern ins Auge, die Irritationen verursachen. Kamillentee, der als Hausmittelchen fälschlicherweise gerne bei Augenentzündungen zum Einsatz kommt, enthält kleine Bestandteile, die ebenfalls nicht ins Auge gelangen dürfen.

## KRALLEN

Gesunde Stubentiger mit normalem Bewegungsdrang brauchen meist keine Krallenpflege. Sie regulieren die Länge der Krallen selbst, indem sie ihre scharfen Waffen am Kratzbaum wetzen, ausgiebig klettern und umherlaufen. Ältere und kranke Stubentiger brauchen hingegen schon etwas Unterstützung. Sie bewegen sich weniger, was ungehemmtes Krallenwachstum ermöglicht. Zu lange Krallen bergen jedoch ein Verletzungsrisiko. Der Mäusefänger kann damit hängen bleiben und sich die Kralle ausreißen. Das ist äußerst schmerzhaft und blutet stark. Grund genug, diesem unschönen Spektakel mit einer hochwertigen Krallenzange entgegenzusteuern. Beim Kürzen hilft es, die Kralle gegen eine Lichtquelle zu halten, die den in der Kralle liegenden Nerv sichtbar macht. Nur die Spitze der Kralle kürzen, ohne zu nah an den Nerv zu kommen. Im Zweifelsfall einfach zum Tierarzt fahren.

**GESUNDE KATZENAUGEN** sind leuchtend klar und sauber. Schmutz kann krankheitsbedingt sein.

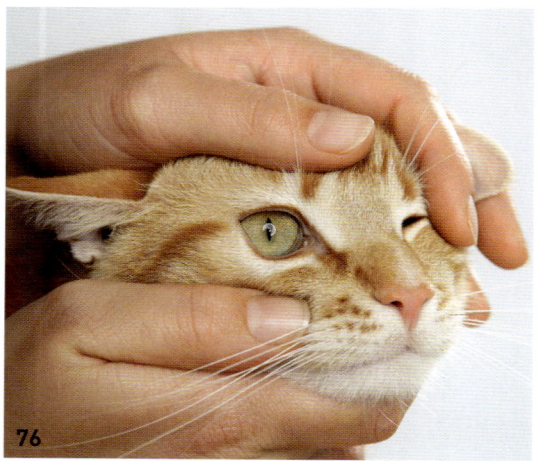

**OHRENKONTROLLE** Keine Verschmutzungen oder Kratzspuren zu sehen. Alles tiptop.

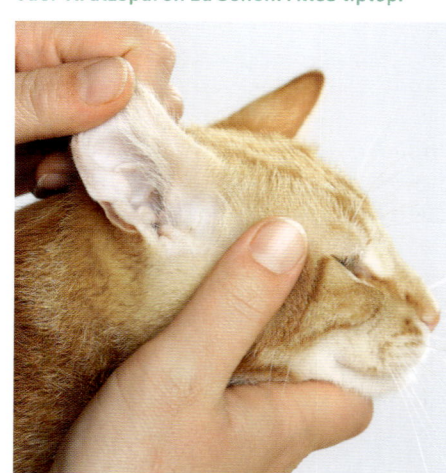

**ZÄHNE** Viele Katzen entwickeln früher oder später Zahnstein. Dieser sollte vom Tierarzt entfernt werden.

## ZÄHNE

Regelmäßig die Beißerchen kontrollieren – so lautet die Devise für Stubentiger-Halter. Rötungen am Zahnfleisch, Blut und Zahnbeläge sind Gründe, den Tierarzt aufzusuchen. Die Zahnsteinentfernung ist schmerzlos, sie erfolgt am besten unter Vollnarkose. Wie viel Zahnstein ein Mäusefänger entwickelt, hängt von verschiedenen Faktoren ab. Die genetische Veranlagung scheint hierbei starken Einfluss zu haben, allerdings spielt auch die Ernährung eine Rolle. Versuche, die Zähne einer Katze zu putzen, bleiben Spezialisten überlassen. Meistens erweist sich das als schwierig, mitunter gefährlich und stressig für den Vierbeiner.

## FRÜHE GEWÖHNUNG

Umso früher sich eine Katze an die Pflege-Anwendungen gewöhnt, desto besser. Schon bei wenige Wochen alten Kätzchen beginnt die spielerische Heranführung. Dazu einfach eine weiche Kinderzahnbürste nehmen und damit sanft über den Körper des Mini-Tigers gleiten. Dabei auch schon mal ganz vorsichtig die Kuppe des kleinen Fingers seitlich ins Mäulchen schieben und die Zähne betrachten. Anfangs alles nur ganz kurz machen und dann sofort ausgelassen spielen oder ein Leckerchen springen lassen. Keinesfalls Zwang ausüben, denn er belastet das Zusammenleben. Geduld und Einfühlungsvermögen führen zum Ziel.

**KRALLEN-CHECK** Mit etwas Übung reichen Katzen ganz freiwillig das Pfötchen.

### GIB' PFÖTCHEN

Auf dieselbe Weise erlernen Katzen das Festhalten einzelner Pfoten. Nacheinander jede einzelne Pfote anheben und gefühlvoll mit Daumen und Mittelfinger leichten Druck auf den mittleren Bereich ausüben. Dann spreizen sich die Zehen und die Krallen treten hervor. Tipp: Diese Übung einfach öfter mal zwischendurch einbauen. Zum Beispiel beim Schmusen auf der Couch. Auf diese Weise lernt die Katze, dass Berührungen ihres Körpers etwas ganz Normales sind.

Zieht ein erwachsener Pflegemuffel ein, drohen Komplikationen. Abhängig vom Temperament lernt der Schnurrer entweder recht schnell dazu oder geht auf Gegenwehr. Da hilft nur geduldiges Üben und das Belohnen kleinster Fortschritte. Das schafft Vertrauen.

## *Pflegeutensilien für jede Haarlänge*

| PRODUKT | KURZHAARKATZE | SEMILANGHAAR | LANGHAAR |
|---|:---:|:---:|:---:|
| Bürste weich | X | | |
| Bürste mit Drahtborsten | | X | X |
| Kamm mit breiten Zinken | | X | X |
| Kamm mit feinen Zinken | X | | |
| Handschuh mit Gumminoppen | X | | |
| Trennmesser | | X | X |
| Mini-Schermaschine | X | X | X |
| Krallenzange | X | X | X |
| Feuchte, unparfümierte Kosmetiktücher | X | X | X |
| Spezielles Katzenshampoo | X | X | X |
| Fensterleder oder Seidenhandschuh | X | | |

# So bleiben Wohnungskatzen
# GESUND

Mindestens einmal pro Jahr ein Check Up beim Tierarzt, regelmäßige Entwurmungen und Impfungen, eine Kastration und die Kennzeichnung der Katze mit einem Mikrochip sind wichtige Maßnahmen, die der Gesunderhaltung des Stubentigers dienen. Und ein Erste-Hilfe-Kurs ist ebenfalls empfehlenswert. Denn dann kann der Katzenhalter im Notfall schon mal die Erstversorgung übernehmen, bevor es zum Tierarzt oder in die Tierklinik geht.

## VET CHECK

Ganz gleich, ob quirliger Jungspund, ausgeglichener Erwachsener oder gemächlicher Senior: Jeder Stubentiger sollte mindestens einmal pro Jahr zum Vet Check. Der Tierarzt hört das Herz ab, untersucht Schleimhäute und Zähne, tastet den Körper nach Veränderungen ab und begutachtet die Fellqualität. Außerdem fragt er den Katzenhalter nach möglichen Verhaltensauffälligkeiten. Denn ein ungewöhnliches Fressverhalten, plötzliche Ängstlichkeit oder Aggressivität, ein erhöhtes Schlafbedürfnis, Unruhe und andere Veränderungen können Hinweise auf gesundheitliche Probleme sein. Umso früher ein Tierarzt das Krankheitsgeschehen einschätzen kann, desto besser sind oft die Behandlungsmöglichkeiten. Auch das Gewicht der Katze ist ein Thema beim jährlichen Vet Check – zumindest dann, wenn es um zu viel oder zu wenig Pfunde geht.

## KATZEN-SENIOREN

Katzen ab dem siebten Lebensjahr gehören zwar noch nicht offiziell zur vierbeinigen Rentner-Gang, aber bereits zu den älteren Samtpfoten. Daher ist es sinnvoll, die tierärztlichen Routine-Untersuchungen alle sechs Monate durchzuführen. Bei Mäusefängern, die ihren zehnten Geburtstag bereits hinter sich haben, können noch häufigere Kontrollen erforderlich sein. Warum diese Häufung? Weil viele Erkrankungen verstärkt im Alter auftreten. Und einige davon lassen sich wirksam behandeln, wenn die Therapie frühzeitig beginnt. Mit dem richtigen Tierarzt-Coaching genießen viele Katzen auch bis ins hohe Alter von 16 bis 18 Jahren und mehr, einen Wohlfühl-Lebensabend.
Allerdings ist dann mit einigen Veränderungen zu rechnen: Viele alte Katzen sind mäkelige Fresser, trinken zu wenig und sind ruhebedürftig. Darauf muss man sich einstellen.

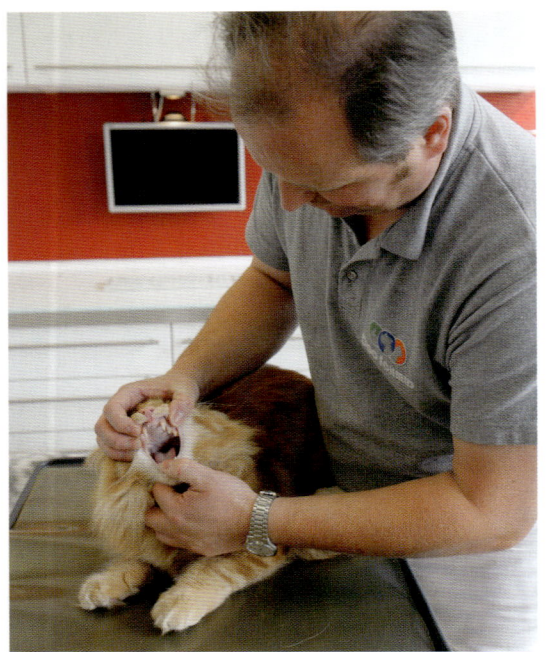

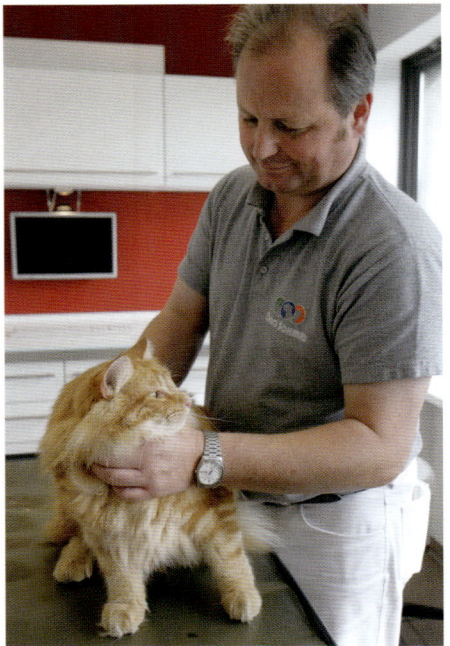

**ZAHN-CHECK** bei der jährlichen Routineuntersuchung. So hat Zahnstein keine Chance.

**ABTASTEN** Auch gründliches Abtasten gehört zum Vet Check.

## IMPFUNGEN

Der jährliche Besuch beim Tierarzt ist eine gute Gelegenheit, gleich einmal in den Impfausweis zu blicken und eventuell Auffrischungsimpfungen vorzunehmen. Ob die jährlich, im Zweijahres- oder Dreijahres-Rhythmus erforderlich sind, hängt vom jeweiligen Impfstoff und den Herstellerangaben ab. Ein Impf-Programm beginnt im Kätzchenalter mit der Grundimmunisierung und setzt sich mit Auffrischungsimpfungen ein Leben lang fort. Welche Impfungen sinnvoll sind, regelt die Leitlinie zur Impfung von Kleintieren der Ständigen Impfkommission Vet (STIKo Vet). Normalerweise beginnt die Grundimmunisierung im Alter von acht Wochen. Bei besonders stark gefährdeten Kätzchen kann aber auch schon eine Frühimmunisierung im Alter von vier

Wochen erfolgen. Dann gibt es weitere Impfungen im Alter von zwölf und 16 Wochen. Im 15. Lebensmonat geht es weiter. Danach stehen die Auffrischungsimpfungen entweder jedes Jahr, alle zwei oder drei Jahre an. Der Tierarzt trägt die Auffrischungstermine in den Impfausweis ein. Viele Veterinäre schicken auch eine Impfaufforderung.

### WELCHE IMPFUNGEN SIND SINNVOLL?
Die Leitlinie zur Impfung von Kleintieren (STIKo Vet) sieht folgendes Impfschema vor:
Grundsätzlich sollten alle Katzen gegen Katzenseuche und Katzenschnupfen geimpft werden. Bei Freigängern wird eine Tollwutimpfung empfohlen. Unter bestimmten Umständen ist es sinnvoll, Katzen auch gegen Feline Leukämie,

SO BLEIBEN WOHNUNGSKATZEN GESUND

Bordetella bronchiseptica, einen weiteren Erreger des Katzenschnupfens, Chlamydien und Feline Infektiöse Peritonitis (FIP), die ansteckende Bauchfellentzündung, zu impfen. Das gilt dann, wenn die Katzen viel Kontakt zu Artgenossen haben, deren Impfstatus unbekannt ist.

## FLÖHE, ZECKEN, WÜRMER

Es gibt viele Parasiten, die Katzen und ihren Haltern das Leben schwer machen. Flöhe, Zecken und Würmer gehören hierbei zu den häufigsten Vertretern. Man unterscheidet zwischen Endoparasiten, Lästlingen, die sich im Körper ansiedeln, und Ektoparasiten, die auf der Hautoberfläche leben.
Freigänger und Stubentiger, die viel Kontakt zu Artgenossen genießen, haben ein höheres Risiko, sich Parasiten einzufangen. Deshalb ist bei ihnen eine regelmäßige Vorbeugung sinnvoll. Sie sollten alle drei Monate eine Wurmkur erhalten und – vor allem in der Sommerzeit – täglich auf Zecken oder Flöhe hin untersucht werden. Wohnungskatzen sind zwar nicht annähernd so gefährdet, aber ausschließen lassen sich Wurm- und Parasitenbefall deshalb noch lange nicht. Lebt ein Hund mit im Haushalt, kann er zur Quelle für Floh & Co. werden. Deshalb gilt: Auch Indoor-Schmuser mindestens einmal pro Jahr entwurmen und auf möglichen Ektoparasiten-Befall achten.

### ÖFTER MAL WECHSELN
Parasiten sind extrem anpassungsfähig. Deshalb gewöhnen sie sich auch an Wirkstoffe, die ihnen eigentlich den Garaus

machen sollten. Doch dem lässt sich vorbeugen, indem nicht immer derselbe Wirkstoff bei der Parasiten-Prophylaxe zum Einsatz kommt. Von Mal zu Mal wechseln, dann sinkt das Risiko von Resistenzen. Deshalb: Immer notieren, welches Mittel zuletzt dran war.

## Checkliste

**GESUNDE KATZE**

- [ ] klare, glänzende Augen
- [ ] trockener, warmer Nasenspiegel
- [ ] Augen und Nase sind frei von Ausfluss
- [ ] glänzendes (oder rasseabhängig auch mattes) Fell bei Kurzhaarkatzen
- [ ] glänzendes (oder rasseabhängig auch mattes), farbintensives Fell bei Semilanghaar- und Langhaar-Rassen
- [ ] saubere Ohren
- [ ] sauberer Afterbereich
- [ ] gut durchblutetes Zahnfleisch und rosafarbene Schleimhäute
- [ ] ausgewogene Bewegungsabläufe
- [ ] normales Trink- und Fressverhalten
- [ ] Interesse an der Umwelt

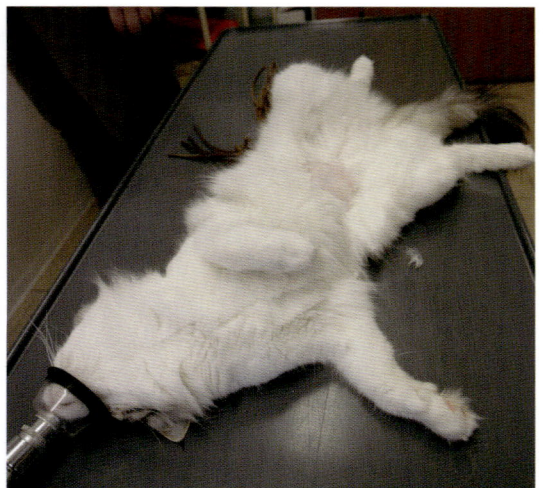

**NARKOSE** Eine schonende Narkose lässt die Katze sanft entschlummern.

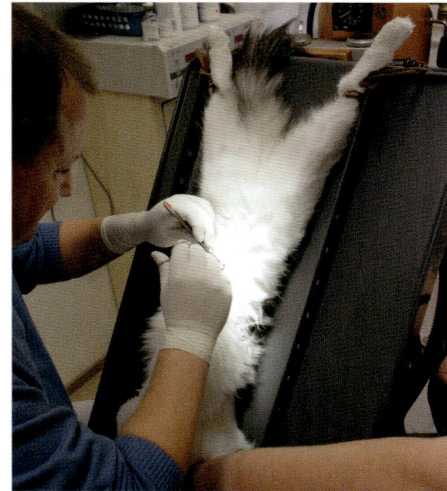

**EINE KASTRATION** dauert nur wenige Minuten. Katzen erholen sich schnell.

### EINZEL- ODER KOMBI-PRÄPARAT?

Tierärzte setzen im Kampf gegen Parasiten sowohl Einzel- als auch Kombipräparate ein. Es gibt Pasten zum Eingeben, Tabletten und auch Spot-On-Verfahren, die einfach auf die Haut der Katze geträufelt werden. Welches Mittel gerade das richtige für den eigenen Stubentiger ist, hängt von der Jahreszeit, dem zuletzt verwendeten Präparat und dem aktuellen Infektionsdruck ab. Am besten mit dem Tierarzt sprechen und gemeinsam das richtige Mittel auswählen.

## KASTRATION

Über acht Millionen Katzen leben in deutschen Haushalten. Und damit sind sie das beliebteste Haustier überhaupt. Viele von ihnen sind kastriert und das ist gut so. Denn wenn keine gezielte Zucht geplant ist, beschert unerwünschter Nachwuchs jede Menge Probleme. Unkontrollierte Verpaarungen führen zu einer Kätzchenschwemme, der die Tierheime längst nicht mehr gewachsen sind. Und bei weitem nicht alle landen im Tierheim. Viele werden einfach getötet oder überfahren. Dennoch nimmt die Anzahl der herrenlosen Mäusefänger ständig zu und gleichzeitig verschlimmert sich das Elend dieser Katzenpopulation, deren Anzahl sich auf schätzungsweise zwei Millionen Tiere beläuft. Deshalb sollten verantwortungsvolle Katzenhalter ihre Stubentiger kastrieren lassen.

*Info*

### LEBENSERWARTUNG

Die durchschnittliche Lebenserwartung einer unkastrierten Katze beläuft sich laut Bundesverband Praktizierender Tierärzte (bpt) auf fünf Jahre (Kater) und sechs Jahre (Katze). Bei kastrierten Stubentigern erhöht sich die durchschnittliche Lebenserwartung auf zehn Jahre. Schuld am frühen Tod unkastrierter Katzen sind Revierkämpfe, Infektionskrankheiten und Verkehrsunfälle.

## KASTRATION ODER STERILISATION?

Werden Kater generell kastriert und Katzen sterilisiert? Nein. Kastration und Sterilisation sind zwei unterschiedliche chirurgische Eingriffe, wobei nur die Kastration für Kater und Katze infrage kommt. Bei der Kastration entfernt der Tierarzt unter Vollnarkose die Eierstöcke der Katze oder die Hoden des Katers. Nach einer Sterilisation, die mit einer Unterbrechung der Samenleiter des Katers oder einer Unterbindung der Eileiter der Katze einhergeht, sind die Vierbeiner zwar unfruchtbar, zeigen aber nach wie vor alle Merkmale des ursprünglichen Sexualverhaltens, zum Beispiel Rolligkeit und Markieren. Katzen erholen sich sehr

**TIERSCHUTZ** Nur Katzen, die der gezielten Zucht dienen, sollten potent bleiben.

### Info

**VORTEILE DER KASTRATION**

- höhere Lebenserwartung
- geringeres Risiko für Gesäugetumore
- geringere Anfälligkeit für Hormon-störungen
- keine Rolligkeitssymptome
- meistens kein Markierungsverhalten
- weniger Interesse am Streunen
- enger Anschluss an den Menschen
- kein unerwünschter, schwer vermittel-barer Nachwuchs

schnell von einer Kastration. Kater sind meistens sofort nach dem Aufwachen aus der Narkose wieder topfit. Die schnurrende Damenwelt ist spätestens nach ein bis zwei Tagen ebenso agil wie zuvor.

## WANN KASTRIEREN?

Sobald eine Katze die Geschlechtsreife erreicht, sollte die Kastration erfolgen. Dieser Zeitpunkt ist individuell und schwankt rasseabhängig ganz erheblich. So sind orientalisch geprägte Samtpfoten wie Siam oder Thai sehr frühreif und oft schon im Alter von sechs Monaten bereit zur Fortpflanzung. Andere sind Spätentwickler und erst mit neun bis 15 Monaten geschlechtsreif. Mancher Norwegische Waldkater oder Maine Coon Adonis entdeckt seine Manneskraft auch erst mit anderthalb Jahren. Auf die Fortpflanzungsfähigkeit hat das keinen Einfluss.

# KENNZEICHNUNG

Eine Kennzeichnung hilft im Notfall, den Vierbeiner zu identifizieren und seinen Besitzer zu finden, oft die einzige Chance, nachdem ein Tier weggelaufen ist. Früher

**KATZEN UND HUNDE** sollten einen Mikrochip haben. Ein Muss auf Reisen und hilfreich, wenn der Vierbeiner verloren geht.

wurde oft eine Nummer in die Ohrmuschel oder auf die Innenseite des Hinterbein-Oberschenkels tätowiert, heute hat sich fast überall der Mikrochip durchgesetzt, auch Transponder genannt. Im Gegensatz zur Tätowierung, die aufgrund der Schmerzhaftigkeit unter Vollnarkose geschieht, verursacht es keine vergleichbaren Schmerzen, einen Transponder zu setzen. Es handelt sich hier um eine winzige Kapsel, die der Tierarzt mit einer speziellen Injektionsnadel in die linke Halsseite der Katze befördert. Dieser Transponder trägt eine 15-stellige Nummer, die mithilfe eines Lesegerätes abgelesen werden kann. Tierarztpraxen, Tierheime und Grenzbeamte verfügen in der Regel über solch ein elektronisches Lesegerät. Die Nummer kann dann bei den Tierregistrierungszentralen überprüft und der Halter des Tieres ermittelt werden. Darüber hinaus ist der Chip oft sogar Pflicht: Seit Juli 2011 muss der für Reisen innerhalb der EU erforderliche EU-Heimtierausweis eine 15-stellige Transpondernummer aufweisen.

## WARUM WOHNUNGSKATZEN REGISTRIEREN?

Auch ein Stubentiger kann mal entwischen, durch ein versehentlich schlecht verschlossenes Fenster oder eine Tür. Und auf Reisen ins europäische Ausland dürfen auch Indoor-Katzen nur mit dem EU-Heimtierausweis, in dem die 15-stellige Transpondernummer vermerkt ist. Erbringt der Katzenhalter keinen Nachweis darüber, bleibt nur die Heimreise. Ärgerlich, aber sinnvoll im Sinne des Tierschutzes. Diese Maßnahme dient auch dem Kampf gegen illegalen Tierhandel.

# ERSTE HILFE
## *leicht gemacht*

Manchmal muss alles ganz schnell gehen. Dann ist Erste Hilfe angesagt, die vielleicht ein Katzenleben rettet. Wobei sie kein Ersatz für einen Tierarztbesuch ist, sondern dazu dient, die Zeit bis zur Versorgung durch den Profi zu überbrücken. Damit der Erste-Hilfe-Einsatz ohne zeitliche Verzögerung gelingt, bedarf es eines gute sortieren Medizinschränkchens und dem Wissen, was in den einzelnen Situationen zu tun ist.

## WUNDEN

Sterile Kochsalzlösung eignet sich bestens zur Reinigung verschmutzter, kleiner Wunden. Falls möglich, auch die um den Wundbereich liegenden Haare kürzen, damit sie nicht mit der Wunde verkleben. Die Wunddesinfektion nimmt dann der Tierarzt vor. Große Wunden mit sauberen, feuchten Tüchern abdecken. Um einen Verband anzulegen, deckt man die Wunde mit Wundgaze ab und polstert den verletzten Bereich mit Verbandswatte. Dann einen selbst haftenden Verband anlegen und mit einem Klebeband sichern. Wichtig: An Gliedmaßen werden Verbände immer von unten nach oben angelegt, damit es nicht zu Stauungen kommt. Generell nicht so fest verbinden, dass die Durchblutung stockt.

## *Checkliste*

**DAS GEHÖRT IN DIE NOTFALL-APOTHEKE**

- Fieberthermometer
- Zeckenzange
- Wärmflasche
- Wattestäbchen
- sterile Kochsalzlösung
- Einwegspritzen (maximal 20 Milliliter Fassungsvermögen)
- ein Mittel zur Wunddesinfektion
- Wundgaze
- selbst haftende elastische Binden (max. fünf Zentimeter breit)
- Verbandswatte
- Leukoplast
- Verbandsschere
- kleine Taschenlampe

## VERGIFTUNG

Giftpflanzen, Putzmittel, Dünger und andere für Katzen gefährliche Dinge können eine Vergiftung verursachen. Typische Symptome sind: Erbrechen, Durchfall, starker Speichelfluss, Zittern, gestörte Bewegungsabläufe und Krampfanfälle. Bei Verdacht auf eine Vergiftung unbedingt sofort den Tierarzt anrufen, vorwarnen und umgehend aufsuchen. Erbrochenes oder andere Ausscheidungen mitnehmen. Falls der Giftstoff bekannt ist, auch einen Rest davon einpacken.

**WICHTIG** Keinesfalls die Katze künstlich zum Erbrechen bringen. Bewusstlose Stubentiger werden in Seiten- oder Bauchlage zum Tierarzt transportiert. Der Kopf sollte dabei tiefer liegen als der Körper und die Zunge aus dem Maul gezogen werden. Ist eine giftige Substanz ins Auge gelangt, sofort zehn Minuten lang mit klarem Wasser spülen. Gelingt das nicht, zumindest ein nasses Taschentuch mehrmals in der Lidspalte ausdrücken. Bei eingeatmeten Giften muss die Katze sofort an die frische Luft.

## FREMDKÖRPER

Es kann eine Granne sein oder ein Fremdkörper. Jedenfalls weisen wiederholtes Kopfschütteln und das Schiefhalten des Kopfes darauf hin, dass etwas nicht stimmt. Ist der Fremdkörper zu sehen, kann der Katzenhalter versuchen, ihn vorsichtig mit einer Pinzette herauszuziehen. Ansonsten besser zum Tierarzt fahren. Würgen und das Bearbeiten des Mauls mit der Pfote können auf einen Fremdkörper im Maul hinweisen. Um das zu überprüfen, die Katze gut sichern – am besten bis auf den Kopf fest in eine Decke wickeln – vorsichtig das Maul öffnen und mit einer Pinzette den Fremdkörper herausholen, wenn er sichtbar ist. Ausnahme: Ist nur ein Teil eines bereits verschluckten Objekts zu sehen, keinesfalls daran ziehen, sondern umgehend zum Tierarzt fahren.

## HITZSCHLAG

Ein geöffnetes Maul, eine flache Atmung, vermehrter Speichelfluss und Bewusstlosigkeit können – bei entsprechenden Temperaturen – Hinweise auf einen Hitzschlag sein. Sofortmaßnahme: Die Katze an einen kühlen Ort bringen, mit Wasser bespritzen und den Tierarzt benachrichtigen.

**GEFÄHRLICHES PLASTIK** Nach Strangulation durch eine Plastiktüte kommt Erste Hilfe oft zu spät.

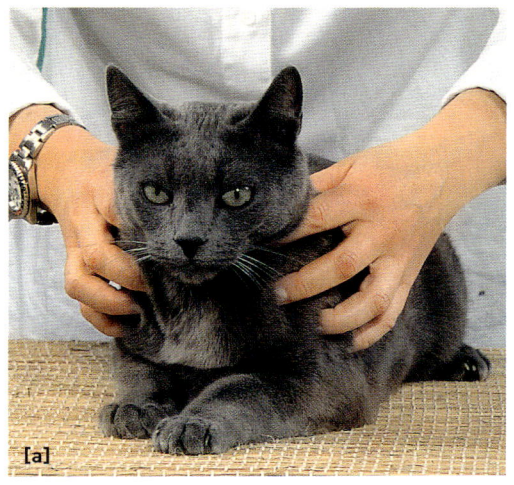

[a]

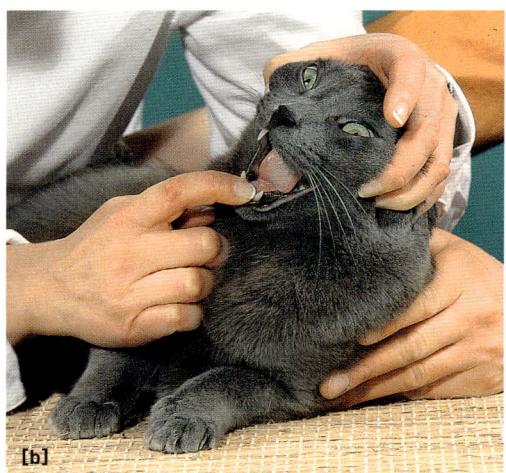

[b]

**[a] GESCHWOLLEN?** Durch Abtasten der Kehl- und Halsregion fallen vergrößerte Lymphknoten auf.

**[b] INS MAUL GESCHAUT** So lässt sich die Maulhöhle mit Zunge und Zähnen inspizieren.

**[c] HERZKLOPFEN** Den Herzschlag kann man an der linken Brustwand, dicht hinter dem Ellbogengelenk, ertasten.

**[d] PULS FÜHLEN** Der Puls wird bei der Katze mit zwei Fingern an der Oberschenkelarterie (an der Innenseite des Oberschenkels) getastet.

**[e] MAULSCHLEIMHAUT** Zwei Sekunden nach dem Fingerdruck muss sie wieder rot sein.

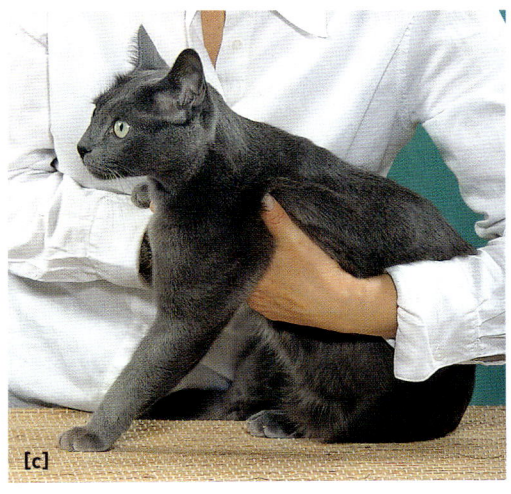

[c]

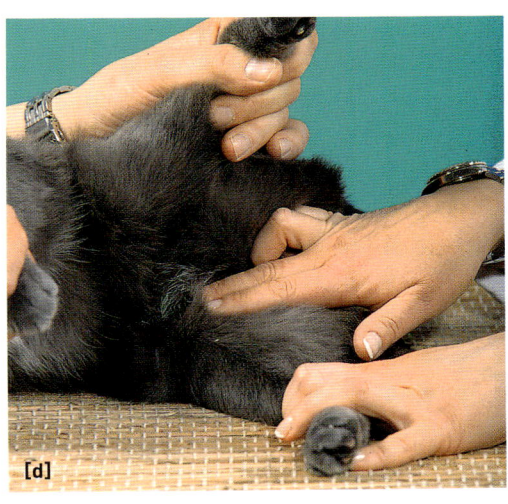

[d]

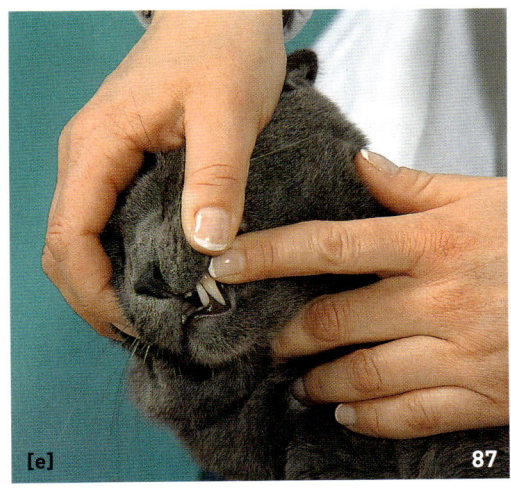

[e]

# SICHERHEIT
## *für Wohnungstiger*

HELL AUFGEBLENDETE SCHEINWERFER-
LICHTER UND QUIETSCHENDE AUTOREIFEN
SIND KEIN TYPISCHES ENDE FÜR EINE
WOHNUNGSKATZE. DAFÜR IST SIE GANZ
ANDEREN GEFAHREN AUSGESETZT. TAT-
SÄCHLICH ERKRANKEN UND STERBEN
JÄHRLICH MEHRERE TAUSEND STUBEN-
TIGER INFOLGE VON HAUSHALTSUNFÄLLEN.
DABEI LASSEN SICH DIE MEISTEN RISIKEN
GANZ EINFACH AUS DER WELT SCHAFFEN.
UND DIESE CHANCE SOLLTEN BESITZER
VON WOHNZIMMER-TIGERN IHREN TIEREN
ZULIEBE AUCH NUTZEN.

# *Achtung* RISIKO

## SCHÖN & UNGIFTIG

Floristen und Katzen sind nicht immer auf einer Wellenlänge. Denn was die einen als dekorativ empfinden, ist für die anderen oft höchst giftig. Die Gefahr lauert in vielen Zimmerpflanzen und Schnittblumen selbst. Aber auch Glanzsprays, künstliche Farbtupfer, Drähte, Dekobänder, Plastikschleifen, Düngemittel und andere, in den Pflanzen enthaltene Chemikalien, gehören keinesfalls in einen Katzenhaushalt. Junge, entdeckungsfreudige Kätzchen sind besonders stark gefährdet. Aber auch erwachsene Samtpfoten erliegen ihren trügerischen Sinnen. Die wichtigste Maßnahme: Keine giftigen Pflanzen in die Wohnung stellen. Denn selbst die beste Erziehung versagt meistens, sobald der Zweibeiner das Haus verlässt.

Dennoch gibt es traumhaft schöne Pflanzenideen, die das Auge erfreuen und kein Risiko für Stubentiger darstellen.

## UNGIFTIGE ZIMMERPFLANZEN

- Alpenveilchen (enthalten Reizstoffe, dennoch ungefährlich)
- Bubiköpfe
- Drazaen
- Flammende Käthchen
- Glockenblümchen
- Kirschzweige
- Küchenkräuter (z. B. Petersilie, Thymian, Rosmarin, Oregano, Basilikum)
- Levkojen
- Rosen
- Sonnenblumen
- Stiefmütterchen
- Tulpen (enthalten Reizstoffe, dennoch ungefährlich)
- Pantoffelblumen
- Proteen
- Zimmerbambus

## UNGIFTIGE BALKON- UND GARTENPFLANZEN

- Alyssum
- Edellieschen, Neuguinea-Lieschen, Fleißiges Lieschen
- Eisbegonien
- Eisenkraut
- Elfensporn
- Fuchsie und Korallenfuchsie
- Gänseblümchen
- Geranie
- Magnolie
- Männertreu
- Margerite
- Pantoffelblume
- Petunie
- Rose
- Stiefmütterchen
- Weihrauch

# CHEMISCHE FALLEN & ANDERE TÜCKEN

Es ist wie mit Kleinkindern: Alles, was gefährlich sein könnte, gehört gesichert oder weggeschlossen. Wobei Stubentiger ebenso einfallsreich sind wie der zweibeinige Nachwuchs, wenn es ums Aufspüren möglicher Risikoherde geht.

## HEISSE TATSACHEN

Herd ist schon ein wichtiges Stichwort, obwohl sich die Anzahl verbrannter Pfoten parallel zur Verbreitung von Induktionsherden reduziert hat. Herkömmliche Herdmodelle sollten mit Sicherungen ver-

**SCHLECKERMÄULCHEN** verbrennen sich schnell die Pfoten. Besser nicht alleine in der Küche lassen.

sehen werden, damit neugierige Katzenpfoten nicht versehentlich am Rädchen drehen. Heiße Herdplatten einfach mit einem temperaturbeständigen Plattenaufsatz bedecken. Während der Zubereitung heißer Leckereien hat die Katze ohnehin nichts in der Küche verloren. Diese erzieherische Maßnahme schützt sie vor Hechtsprüngen ins siedende Nudelwasser und verhindert herabstürzende Bratpfannen inklusive heißer Öldusche. Auch in der Nähe des nach frisch gegrilltem Hähnchen duftenden Backofens haben vierbeinige Gourmets nichts verloren. Neben der Verbrennungsgefahr besteht das Risiko, eingeschlossen zu werden.

## ROMANTISCHER KERZENSCHEIN

Brennende Kerzen lassen nicht nur Menschenaugen verzückt glänzen. Auch Wohnzimmertiger widerstehen dem schönen Flackern nur schweren Herzens. Damit sich vorwitzige Katzennasen nicht die Schnurrhaare versengen oder schmerzhafte Brandverletzungen zuziehen, sollten die beiden Ks – Katzen und Kerzen – nie unbeaufsichtigt gemeinsam in einem Raum sein. Das beugt auch versehentliches Umwerfen mit anschließendem Wohnzimmerbrand vor.

## VERLOCKEND VERKABELT

Abgesehen von kulinarischen Verlockungen üben auch Kabel jeglicher Art eine geradezu magische Anziehungskraft auf Katzen aus. Zum Beispiel das Kabel des Bügeleisens, das neckisch hin- und herschwingt, während der Zweibeiner die Hemden glättet. Hier drohen gleich zwei Gefahren: der Biss ins Stromkabel und ein herabstürzendes, heißes Bügeleisen. Deshalb weg mit den Katzen, wenn Bügeln auf dem Tagesplan steht. Auch andere Stromkabel sollten für Stubentiger nicht frei zugänglich sein. Insbesondere junge Wohnungstiger bringen sich beim Spiel mit der als Schlange getarnten Elektrizität in Lebensgefahr. Wichtig: Defekte Steckdosen immer gleich reparieren oder – besser noch – ersetzen.

## PUTZMITTEL & MEDIKAMENTE

Dass eine Katze gezielt an einem scharfen Putzmittel leckt, ist aufgrund des chemischen Geruchs eher unwahrscheinlich. Aber sie leckt sicherlich ihre Pfoten ab, um sie zu reinigen, nachdem sie versehentlich durch die unangenehm riechende Flüssigkeit gelaufen ist. Deshalb sollten Putzmittel, Pflanzendünger und andere Chemikalien stets gut verschlossen und für den Vierbeiner unerreichbar gelagert werden. Dasselbe gilt für Medikamente.

## WASCHMASCHINE

Vielleicht ist es der zum Versteckspiel einladende Höhlencharakter der Waschmaschine, vielleicht aber auch der Duft frischer Wäsche. Jedenfalls pflegen Katzen ein ausgeprägtes Faible für Waschmaschinen. Dabei besteht die Gefahr, übersehen zu werden und versehentlich mit in die Wäsche zu geraten. Meist eine tödlich verlaufende Tragödie.

## KLEIN, ABER GEMEIN

Nadeln, Knöpfe, Gummibänder, Bindfäden, Büroklammern, Nägel ... Es gibt ausgesprochen viele Kleinteile, mit denen Katzen gerne spielen. Oft verschlucken sie die gefährlichen Objekte auch noch, was auf dem OP-Tisch einer Tierklinik

enden kann. Deshalb gilt: Kleinteile möglichst nicht herumliegen lassen. Vorsicht ist auch an Weihnachten und bei Geburtstagspartys geboten. Denn wenn es Geschenke gibt, liegen nach dem Auspacken oft Plastikbänder und anderes Dekomaterial herum. Tipp: Einen Pappkarton oder einen Wäschekorb bereitstellen, in den gleich alles verschwindet. Und ihn dann katzensicher wegschließen bis Zeit fürs Müllsortieren ist. All das mag manchem übertrieben erscheinen. Doch wenn das Leben der Katze erstmal am seidenen Faden hängt und später eine gesalzene Tierarztrechnung folgt, denken selbst arglose Zeitgenossen um.

**KABEL FASZINIEREN KATZEN.** Und manchen wird die „Elektro-Schlange" zum Verhängnis.

## PLASTIKTÜTEN

Sie verdienen den Namen Katzenfalle. Es ist kaum abzuschätzen, wie viele Stubentiger bereits an den Folgen einer heillosen Verwicklung mit einer Plastiktüte verstarben. Meistens stecken sie ihren Kopf durch einen der Henkel, verdrehen den Griff dabei und kommen nicht mehr los. Hier droht akute Strangulationsgefahr. Andere stecken in der Plastiktüte fest und ersticken. Deshalb: Plastiktüten immer außerhalb der Reichweite von Katzen aufbewahren.

**EIN VORBEI FLIEGENDER VOGEL,** ein Geräusch im Garten – Fenster ziehen Katzen magisch an.

## KIPPFENSTER

Sie sind der Klassiker der Haushaltsrisiken. Die Zahl der Stubentiger, die im Spalt des gekippten Fensters verstarben oder den Folgen der schweren Quetschungen erlagen, dürfte in die Zehntausende gehen. An die Vernunft der Katze zu appellieren, nützt hier gar nichts. Ein vorbeifliegender Vogel oder ein interessantes Kratzgeräusch draußen im Garten reichen oft aus, um die Kletterfreude der Samtpfote zu entfesseln. Also vor-

**EIN PROFESSIONELLER KATZENSCHUTZ** für Kippfenster hilft, Leben zu retten.

beugen und ein Schutzgitter anbringen. Im Zoofachhandel finden sich Modelle für die verschiedensten Fenstertypen – sowohl für komplett geöffnete als auch für gekippte Fenster sowie Balkon- und Terrassentüren.

## GARAGE

Viele Garagen sind ein wahres Abenteuer-Paradies für Samtpfoten. Kisten, Kartons, Regale und andere geheimnisvolle Dinge locken dort. Doch dieser Vergnügungs-park ist für Stubentiger tabu. Ansonsten drohen Vergiftungen durch Autoabgase, die sich in Bodennähe konzentriert sammeln und der im Versteck sitzenden Samtpfote womöglich das Leben kosten.

## SICHERER BALKON

Falls ein Balkon zur Wohnung gehört, den die zweibeinigen Familienmitglieder durchaus mit den Vierbeinern teilen würden, stehen erstmal Formalitäten an. Bei Mietswohnungen ist das schriftliche Einverständnis des Vermieters empfeh-lenswert, damit es später keine Streitig-keiten hinsichtlich der Befestigung der Sicherungssysteme gibt. Auch Besitzer einer Eigentumswohnung sollten zuvor die anderen Eigentümer benachrichtigen und deren Einverständnis einholen. Kat-zensichere Balkone wurden bereits oft zum Streitpunkt, der mit hoher Wahr-scheinlichkeit vor Gericht landete. Das kostet Zeit und Geld, und manchmal bringt es nichts. Deshalb unbedingt vor-her alle informieren.

## Info

**AKTION „SICHERER HAUSHALT"**

**Spezielle Sicherung beziehungsweise Aufsicht an:**

- Herd
- Backofen
- Mikrowelle
- Grill
- brennenden Kerzen
- Bügeleisen
- Stromkabel
- Treppen
- Fenstern
- Türen
- Balkonen

**Immer wegschließen:**

- Putz- und Spülmittel
- Medikamente
- Chemikalien

**Nicht herumliegen lassen:**

- Nadeln
- Knöpfe
- Gummi- und Geschenkbänder
- Bindfäden
- kleine Plastikteile
- andere verschluckbare Kleinteile
- Glasscherben
- Nägel
- Büroklammern

**SICHERER OUTDOOR-AUSFLUG** dank Schutznetz.

## SCHUTZNETZE

Die beliebteste Art, einen Balkon katzen-sicher zu gestalten, ist die Anbringung eines Schutznetzes. Das Netz sollte so engmaschig sein, dass der Stubentiger keinesfalls den Kopf hindurchquetschen kann. Dunkelgrüne oder sandfarbene Netze fallen optisch am wenigsten auf. Hochwertige Katzenschutznetze sind reißfest, lassen sich auf verschiedene Maße zuschneiden und werden an einer stabilen Halterung befestigt. Wichtig: Nirgendwo Schlupflöcher lassen. Katzen finden jeden noch so kleinen Spalt und versuchen, sich hindurchzuquetschen.

## AUSSICHTSPOSTEN

Natürlich ist auch auf dem Balkon Ab-wechslung angesagt. Kein Stubentiger schätzt es, einfach auf dem Boden zu sitzen und auf Kommando hin Frischluft zu genießen. Ein kleiner Kratzbaum, der Weitblick ermöglicht, oder eine andere höher gelegene Liegefläche sind beliebte Outdoor-Extras. Auch ein zusätzliches Wasserschälchen und ein wetterfestes Spielzeug begeistern Balkon-Tiger.

**EIN KRATZBAUM** auf dem Balkon bietet tolle Aus-sichtspunkte.

# SICHERER TRANSPORT

Auch der sichere Transport einer Katze gehört zu den Aufgaben, denen sich jeder Besitzer eines Stubentigers stellen muss, sei es beim Abholen des Kätzchens vom Züchter, der Fahrt zum Tierarzt oder einer Urlaubsreise. Die Sicherheit ist hierbei sehr wichtig – für den Vierbeiner und die anderen Insassen des Autos. Befreit sich ein wild gewordener Stubentiger während der Fahrt, besteht höchste Unfallgefahr.

## TRANSPORTBOX

Eine sichere Transportbox ist das A und O eines professionellen Transports. Sie sollte stabil, groß genug und leicht zu handhaben sein. Glatte Materialien sind praktischer als Weidengeflecht, an dem sich die Katze mit den Krallen verfangen

**LEICHT ZU REINIGEN,** groß genug und praktisch sollte eine Transportbox sein.

> *Info*
>
> **TRANSPORTBOXEN**
> Transportboxen sollten aus Kunststoff sein, weil sie dann leicht zu reinigen sind. Die Größe muss zur Katze passen. Sie sollte sich problemlos hinstellen, setzen, legen und drehen können.

kann. Auch die Reinigung eines Kunststoff-Kennels ist viel einfacher als die eines Transportkorbes aus Naturfasern.

# CABRIO-VARIANTE

Die Cabrio-Variante ist dabei – besonders bei Tierärzten – äußerst beliebt. Lässt sich das Verdeck der Transportbox abnehmen, ist das Herausholen oder Behandeln des Stubentigers einfach. Gibt es nur vorne eine Öffnung, verkantet sich die Katze vermutlich in der Box. Wer versucht, sie gegen ihren Willen herauszuholen, erntet im schlimmsten Fall Pfotenhiebe und Bisse.

## GEWÖHNUNG IST ALLES

Um der Katze die Gewöhnung an die Transportbox zu erleichtern, hilft folgender Tipp: Die Box in der Wohnung aufstellen und die Katze einige Tage lang ausschließlich darin füttern. Dabei die Türe offen lassen. Wenn das gut klappt, einige ganz besondere Leckerchen hineinlegen und die Tür für ein oder zwei Minuten schließen. Auf jeden Fall öffnen, bevor der Stubentiger Unruhe zeigt. Nach und nach den Zeitraum des Aufenthaltes erhöhen.

# PROBLEME
## *erkennen und lösen*

KRISENSTIMMUNG? GIBT ES DAS ÜBERHAUPT IN DER WUNDERVOLLEN BEZIEHUNG ZWISCHEN KATZE UND MENSCH? JA, DAS GIBT ES. UND ZWAR DANN, WENN DER STUBENTIGER PLÖTZLICH DIE WOHNUNG ZUR GROSS-TOILETTE UMDEKLARIERT, SEINE KRALLEN BEGEISTERT AN DER LEDER-COUCH WETZT, BEHERZT IN TEURE ZIERPFLANZEN BEISST, BESUCHER ANGREIFT ODER VOR LAUTER ANGST EIN LEBEN HINTER DEM SCHRANK BEGINNT. DIE GUTE NACHRICHT: ES GIBT EINE LÖSUNG FÜR JEDES PROBLEM.

# KATZENKRISEN
## *geschickt meistern*

Stubentiger sind anspruchsvoll, was das Zusammenleben mit ihren Menschen angeht. Sie wünschen sich Zärtlichkeit, gemeinsames Spiel, interessante Beobachtungsposten, bequeme Schlafplätze, schmackhafte Nahrung, Sauberkeit in der Katzentoilette und noch so einiges mehr. Kommt ihrer Meinung nach einer dieser zentralen Ressourcen des Zusammenlebens zu kurz, hagelt es Protest. Meistens jedenfalls.

## FRÜHZEITIG REAGIEREN

Die Palette der Protestbekundungen reicht von beleidigtem Rückzug über Unsauberkeit und Zerstörungswut bis hin zu offener Aggression gegenüber Mensch und Tier. Oft bleiben erste Momente des Unzufriedenseins unbemerkt, was zu einer Steigerung der Signale führt. Dabei wäre es gut, Disharmonien so früh wie möglich entgegenzusteuern. Denn umso eher die richtige Reaktion auf Verhaltensänderungen erfolgt, desto schneller und nachhaltiger lassen sich diese wieder abschaffen. Hat sich ein Stubentiger erstmal an das tägliche Geschäft auf dem Wohnzimmerteppich gewöhnt oder startet seit Monaten mit Krallenwetzen an der Tapete in den Tag, bedarf es viel Geduld, dieses Verhalten rückgängig zu machen.

## RESPEKTIEREN, NICHT VERHÄTSCHELN

Also besser vorbeugen, indem im Katzenhaushalt sorgsam auf die Bedürfnisse des Vierbeiners geachtet wird. Damit ist kein übermäßiges Verhätscheln gemeint, sondern lediglich der respektvolle Umgang mit den Bedürfnissen eines Tieres, das sich Menschen zur Steigerung der eigenen Lebensqualität in der Wohnung halten.

## VERSTÄNDNISVOLLER KOMPLIZE

Läuft alles rund, danken es Katzen ihrer Familie mit all den wunderbaren Eigenschaften, die sie so einzigartig machen. Sie sind Freunde, Verbündete und schnurrende Partner – Komplizen, die verständnisvoll mit ihrem Menschen durchs Leben gehen.

# UNSAUBERKEIT –
## *und jetzt?*

Gäbe es eine Rangliste der Katzen-Unarten, dann gebührte ihr Platz eins: die Unsauberkeit. Richtig. Es kommt vergleichsweise häufig vor, dass einst tadellos stubenreine Wohnzimmer-Tiger auf einmal ihre guten Manieren vergessen. Gründe dafür gibt es viele.

## GESUNDHEIT

Auf der Suche nach Ursachen, steht als erstes die Gesundheit im Fokus. Harnwegserkrankungen und andere gesundheitliche Störungen sind oft der Auslöser für Unsauberkeit. Deshalb ist ein Besuch in der Tierarztpraxis prinzipiell erstmal die richtige Reaktion auf Urinpfützen und Häufchen. Ist bei der Untersuchung nichts festzustellen, könnte die Verhaltensänderung mit der Katzentoilette zu tun haben.

## TOILETTEN-CHECK

Zu klein dimensionierte Toilettenschüsseln stoßen bei Katzen auf wenig Gegenliebe. Auch zu niedrige Hauben wirken wenig einladend. Deshalb beim Kauf einer Katzentoilette unbedingt an die Größe der Katze denken. Für XXL-Kandidaten wie Maine Coons oder Nor-

wegische Waldkatzen gibt es extra große Modelle. Damit sie weniger Platz in der Wohnung einnehmen, bieten sich Raum sparende Modelle für Zimmerecken an. Ebenso entscheidend wie die richtige Größe ist die Sauberkeit, die in und rund um die Katzentoilette herrscht. Das bedeutet: Pro im Haushalt lebender Katze eine Toilette und täglich mindestens zwei Reinigungen. Einmal pro Woche sollten die Toiletten mit heißem Wasser ausgewaschen werden.

**HIER STINKT'S!** Ein guter Grund, den Teppich vorzuziehen.

Da auch Einstreu nicht gleich Einstreu ist, gilt es, die Vorlieben des eigenen Stubentigers herauszufinden. Manche mögen grobes Streu, andere nur feines. Während die für den Menschen angenehm duftende Stoffe in der Einstreu einigen Stubentigern völlig egal sind, meiden andere den Tempel der Düfte und geben natürlichen Noten den Vorzug.

## STANDORT

Auch der Standort der Katzentoilette ist eine Überlegung wert. Steht sie an einem sehr unruhigen Platz, sucht sich der Vierbeiner wahrscheinlich einen anderen Ort für dringliche Geschäfte. Ein ruhiger Standort ist ebenso wichtig wie die Vermeidung ständiger Ortswechsel. Hat sich ein Stubentiger einmal an eine bestimmte Stelle in der Wohnung gewöhnt, bleibt er auch gerne dabei.

## KATZEN-CLINCH

Leben mehrere Samtpfoten im Haushalt, können auch Zwistigkeiten untereinander Anlass für den Bogen ums Katzenklo sein. Manchmal lauern Katzen einem in der Toilette sitzenden Artgenossen auf und überfallen ihn. Auch wenn es lustig aussieht: Solch ein Überfall ist kein Spaß, sondern Stress. Mit der Folge, lieber in einem unbeobachteten Moment schnell auf dem Teppich die verbliebenen Verdauungsprodukte der letzten Mahlzeit zu hinterlassen. Zwist unter Katzen ist eine schwierige Situation. Man kann versuchen, auf die Mobbing ausübende Kraft einzuwirken, das setzt aber ständiges Beobachten für mindestens einige

---

### Info

**OFFENE TOILETTE**
Manche Katzen wollen einfach kein Dach über dem Kopf haben – zumindest nicht beim Toilettengang. Vielleicht stört sie die eingeschränkte Sicht oder die konzentrierte Geruchsentwicklung in der geschlossenen Katzentoilette. Entfernen Sie zuerst die Schwingtür. Wenn das nicht reicht, einfach die Haube abnehmen.

Tage voraus. Auch das Aufstellen mehrerer Katzentoiletten kann helfen. Tipp: Eine Katzentoilette ohne Haube wählen, damit sich der gemobbte Vierbeiner nicht in die Enge getrieben fühlt.

**SCHWINGTÜREN** vor dem Klo lassen sich bei Nichtgefallen einfach abnehmen.

**GEZIELTE ZUWENDUNG** vermag manche Protestler zu besänftigen, andere bleiben hartnäckig.

## PROTEST

Wenn Stubentigern etwas gegen den Strich geht, äußert sich das oft durch Unsauberkeit. Die Pfütze auf dem Schlafzimmerteppich ist vielleicht ein Aufschrei gegen den neuen Lebenspartner. Das Häufchen im Eingangsbereich ist die Formgebung einer Klage, die auf einsame Stunden während der Abwesenheit des Menschen abzielt. Ein Baby, ein neues Haustier, ein Umzug, der Wechsel der Futtersorte ... – all das und viel mehr hat Samtpfoten bereits zu Dauer-Protestlern gemacht.
Eigentlich geht es bei diesen Protestaktionen immer um zwei Aspekte: Langeweile oder die Angst um Ressourcen. Grund genug, genauer hinzusehen. Kommt der Stubentiger wirklich zu kurz? Muss er Zuwendung, Futter- und Ruheplätze – kurz: alles, was im wichtig ist – nun teilen? Falls das so ist, liegt der Grund für die Unsauberkeit auf der Hand.

## HARNSPRITZEN

Harnspritzen ist genau genommen keine Unsauberkeit. Landen kleine Tröpfchen gezielt auf Hosenbeinen, anderen Katzen oder an der Gardine, markiert der Stubentiger sein Revier, seine Menschen und seine vierbeinigen Mitbewohner. Dieses Verhalten verschwindet nicht immer nach einer Kastration, aber meistens. Bei sehr spät kastrieren Samtpfoten erhöht sich die Wahrscheinlichkeit, dass sie die lästige Eigenschaft beibehalten.

## HILFE!

Doch was bleibt zu tun, damit die Wohnung nicht zum Mega-Katzenklo verkommt? Das Erkennen der Ursache alleine hilft nicht unbedingt weiter. Einiges lässt sich ja tatsächlich ganz leicht abändern, aber das erneute Umziehen in die alte Wohnung, der Abschiedsbrief an die neue Liebe oder die Trennung vom neuen Haustier dürfte schwerfallen. Keine Angst: In solchen Fällen helfen Umwege.

### STAR-RUMMEL
Jetzt heißt es: hemmungslos schmeicheln. Der Stubentiger steht von nun an vermehrt im Mittelpunkt. Es gibt zusätzliche Zärtlichkeiten und täglich mindestens ein ausgelassenes Spiel. Auch ein paar Extra-Leckerchen heben die Stimmung. Der

**STAR-RUMMEL, BITTE!** Ein neues Spielzeug schmeichelt aufgebrachten Gemütern.

Star-Rummel trifft sicherlich ins Schwarze und verbessert die Beziehung zwischen Zwei- und Vierbeiner.

## FLECKEN SPURLOS ENTFERNEN

Die Stellen der Wohnung, die bereits Opfer von Protestaktionen wurden, müssen einer peniblen Reinigung unterzogen werden. Auf jeden Fall Produkte wählen, die den Geruch komplett neutralisieren. Denn der abenteuerliche Duft historischer Hinterlassenschaften beflügelt Katzen zu neuen Taten.

## NOCH EINEN DRAUFSETZEN

Und damit die Täuschung des feinen Geruchssinns auch tatsächlich funktioniert, setzen pfiffige Katzenhalter noch einen drauf. Aromasprays mit Citrusnote widerstreben der Stubentigernase

gehörig. Also drauf damit! Nicht auf die Nase, sondern an die Stellen der Wohnung, denen ansonsten Unannehmlichkeiten drohen. Wichtig: Vorher an einer unauffälligen Stelle testen, ob das Spray Flecken hinterlässt! Notfalls auch vorübergehend Folie über die Lieblingsstellen legen.

*Info*

**MÖGLICHE GRÜNDE FÜR UNSAUBERKEIT**

- zu kleine Katzentoilette
- schlecht gereinigte Katzentoilette
- falsche Einstreu
- plötzlicher Wechsel der Einstreu
- Wechsel des Toilettenmodells
- Die Katze befürchtet, von anderen Stubentigern in der Toilette überfallen zu werden.
- Die Katze kennt keine Schwingtüren an Toiletten, das aktuelle Modell hat aber eine.
- plötzlicher Standortwechsel der Toilette
- falscher – zum Beispiel zu unruhiger – Standort
- Einsamkeit
- Eifersucht
- Umzug
- Veränderungen innerhalb der Familienstruktur
- neue Futtersorte
- Bezugsperson ist im Urlaub
- gesundheitliche Ursachen, zum Beispiel eine Blasenentzündung

# KRATZSPUREN
## *& Knabberwut*

**LIEBLINGSSPORT? KRALLENWETZEN!** Weil es Spaß macht, wird es wiederholt.

## KRATZWELTEN

Unabhängig vom Auslöser, sollten auf jeden Fall neue, interessantere Kratzmöglichkeiten her: verschiedene Kratzbäume, Kratzbretter, ein Naturstamm. Alles, was die Aufmerksamkeit der Katze auf sich zieht und zum Kratzen einlädt, lenkt von verbotenen Kratzzonen ab. Gleichzeitig hilft es, der Samtpfote mehr Zuwendung zu widmen. Rasante Jagdspiele senken das Bedürfnis, sich anderweitig auszutoben. Und das kommt wiederum der Harmonie zwischen Katze und Mensch zugute.

Krallenwetzen macht Spaß. Und weil es ein selbst belohnendes Verhalten ist, treibt es viele Stubentiger bis auf Olympia-Niveau. Neben dem Spaßfaktor hat die wüste Kratzerei auch einen praktischen Nutzen. Sie hält die Krallen in Form und erspart den Einsatz einer Krallenzange. Kratzspuren können aber auch einen anderen Hintergrund haben: zum Beispiel der Markierung dienen oder Ausdruck von Protest sein. Unabhängig davon brauchen Katzen Kratzmöglichkeiten. Ihnen das beliebte Krallenwetzen zu verbieten, bringt rein gar nichts.

## *Info*

**WÜHLEN UND BUDDELN**
Sie kratzt zwar nicht an Möbeln, dafür gräbt sie mit Feuereifer jeden Blumentopf um? Solch eine Katze ist ein „Buddler", der lockere Erde liebt. Mit den Pfoten in der Erde zu wühlen, ist ein selbst belohnendes Verhalten und macht deshalb einen Riesenspaß. Tipp: Eine Buddelecke einrichten – zum Beispiel auf dem katzensicheren Balkon. Allerdings bedarf diese Ecke täglicher Reinigung. Denn der Stubentiger wird auch sein Geschäft darin verrichten.

## ABDECKEN

Vorübergehendes Abdecken mit Folie ist auch eine sinnvolle Maßnahme, um strapazierte Flächen vor Katzenkrallen zu schützen. Alufolie ist keine attraktive Kratzfläche, weshalb die meisten Stubentiger sofort von weiteren Attacken absehen. Mit der Zeit vergessen sie ihren ehemaligen Lieblings-Kratzplatz und die Folie kann verschwinden.

## ANREIZE ENTFERNEN

Tapeten üben auf viele Samtpfoten eine große Anziehungskraft aus. Raufasern bieten kratzwütigen Krallen eine hervorragende Angriffsfläche. Und ist die erste Furche geschlagen, locken zahlreiche kleine Tapetenfetzen – der Startschuss zu einem zerstörerischen Feldzug. Da hilft nur, Kratzspuren umgehend auszubessern. Tipp: Auf Tapeten verzichten und stattdessen die Wände nur Streichen. Das ist für Katzenhaushalte auf Dauer die sicherste Variante.

## HILFT ERZIEHUNG?

Theoretisch lässt sich unbändige Kratzwut auch erzieherisch eindämmen. Allerdings setzt das die ständige Anwesenheit des Katzenhalters voraus. Wenn er den Stubentiger in flagranti erwischt, ist Zeit, sofort zu handeln. Lautes In-die-Hände-Klatschen, ein gezielter Spritzer mit einer Wasserpistole oder auch Anpusten der Krawall-Mieze beeindrucken zumindest sensiblere Exemplare. Manchmal gelingt

**KRATZEN ERLAUBT** Ein Kratzbaum ist die beste Vorbeugung gegen zerfetzte Tapeten.

## Info

**MÖGLICHE GRÜNDE FÜR KRATZ-ATTACKEN**

- kein Kratzbaum
- keine Kratzbretter
- Langeweile
- Einsamkeit
- Vernachlässigung
- Es macht einfach Spaß, weil Kratzen ein selbst belohnendes Verhalten ist.

es, tatsächlich einen dauerhaften Lernerfolg zu erzielen. Das Schwierige ist jedoch, ihn auf die Zeit zu übertragen, in der die Samtpfote alleine zu Hause verweilt. Die Rückfallquote ist hoch.

## TRICKKISTE

Vielleicht hilft ein Griff in die Trickkiste. Wenn das Kratzen am Kratzbaum auf Signal hin ein zusätzliches Leckerchen einbringt, machen die meisten Samtpfoten begeistert mit. Um diesen kleinen Trick einzustudieren, gibt es verschiedene Möglichkeiten. Eine ist die des freien Formens: Dazu steckt der Katzenhalter vorsorglich einige sehr gute Leckerchen ein und wartet ab, bis die Katze von selbst am Kratzbaum oder einer anderen dafür vorgesehenen Stelle kratzt. Dann lobt er sofort mit einem Lobwort, zum Beispiel „Prima". Dabei auf eine fröhliche Stimmlage achten und sofort ein Leckerchen geben. Nach mehreren Wiederholungen wird ein Stimmsignal eingeführt, zum Beispiel „Scratch!". Dieses Wort sagt der Katzenhalter nun immer, wenn eine Kratzaktion erfolgt. Anschließend folgen Lobwort und Belohnung. Nach zahlreichen Wiederholungen soll der Stubentiger auf das Signal „Scratch!" hin am Kratzbaum die Krallen wetzen. Anfangs ruhig noch etwas mit einem am Sisal scharrenden Spielzeug locken, bis die Katze schließlich selbst ihren Weg zum legalen Kratzerlebnis findet. Tipp: Keinen zu großen Ehrgeiz entwickeln. Um die Motivation des Stubentigers zu erhalten, reichen ein bis zwei Übungseinheiten täglich, und sie sollten immer Spaß machen!

## KNABBERWUT

Im Gegensatz zu jungen und schlecht erzogenen Hunden neigen Katzen in der Regel nicht dazu, Schuhe oder andere Objekte zu zerkauen. Wenn etwas Ziel ihrer Knabberwut ist, dann sind es Zimmerpflanzen. Ablenkungsversuche mit Katzengras sind gut, aber nicht immer ein voller Erfolg. Notfalls auch erzieherisch eingreifen und dem Stubentiger mit lautem In-die-Hände-Klatschen und einem strengen „Nein" signalisieren, dass sein Verhalten unerwünscht ist. Erstreckt sich die Knabberwut auch auf andere Bereiche, könnte das an Langeweile liegen. Also mehr um die Katze kümmern und für abwechslungsreiche Spielzeuge sorgen. Eifriges Beknabbern von Grünpflanzen ist eine der Lieblingssportarten junger Katzen. Achten Sie unbedingt auf eine ungiftige Begrünung und stellen Sie mehrere Töpfe mit Katzengras auf. So kann der Stubentiger seiner Lust auf saftiges Grün frönen, ohne Schaden anzurichten und sich womöglich noch in Gefahr zu bringen.

## Info

### MÖGLICHE GRÜNDE FÜR VERBOTENEN KNABBERSPASS

- Zahnwechsel
- Zahnfleischprobleme
- Langeweile
- Einsamkeit
- Vernachlässigung

[a]

[b]

**[a] ABWECHSLUNGSREICHE KRATZBÄUME**
helfen, Langeweile vorzubeugen.

**[b] BEUTE ERFOLGREICH FIXIERT.** Nun einmal kurz durchatmen und …

**[c]** … weiter geht's mit Feuereifer. Nach Kratzen und Hangeln folgt ein herzhafter Biss.

**[d] JETZT NOCH DIE BEWEGLICHKEIT** der Wirbelsäule auf die Probe stellen …

**[e]** … fertig für heute. Genüssliches Strecken mit wohligem Kratzen beschließt den Tag.

[c]

[d]

[e]

109

# AGGRESSIVITÄT
## *Wenn die Fetzen fliegen*

Wenn Katzen sauer werden, fliegen die Fetzen. Das wissen Tierärzte, die täglich fürchten müssen, von einem Stubentiger vorübergehend geschäftsunfähig gemacht zu werden. Ein gezielter Biss in die Hand und die chirurgischen Talente sind dahin. Doch auch Katzenhalter erleben manchmal Ausbrüche von Aggression. Die Gründe hierfür sind vielfältig. Nicht immer ist Angst im Spiel. Um richtig damit umzugehen, ist es hilfreich, Aggression erstmal als Facette des natürlichen Verhaltens zu akzeptieren.

## KONFLIKTLÖSUNG

Denn eine Katze ist nicht gleich verhaltensgestört, weil sie aggressiv reagiert. Aggressionsverhalten ist eine natürliche Verhaltensweise, um auf Konflikte zu reagieren. Und dieses Verhalten beginnt oft ganz dezent. Anspringen, Kratzen und Beißen sind nämlich nur die Spitzen des Aggressionsverhaltens. Genau genommen gehört auch schon viel feineres Drohverhalten dazu. Gesträubte Rücken- und Schwanzhaare, der Breitseitengang, ein senkrecht nach unten zeigender Schwanz – all das sind bereits Zeichen der Aggression. Schon jetzt ist Zeit, nach Gründen für dieses Verhalten zu suchen.

## DEFENSIV ODER OFFENSIV

Bleibt es beim Drohen, handelt es sich um defensives Aggressionsverhalten. Allerdings kann das – situationsbedingt – auch in offensives Aggressionsverhalten, also einen gezielten Angriff, umschlagen. Ob das geschieht, hängt wiederum von verschiedenen Faktoren ab: unter anderem von der eigenen Fitness und der Fitness des Gegners. Und von der Wertigkeit der Sache, um die es geht. Stubentiger schätzen durchaus ab, ob ein Angriff Erfolg bringt oder eher eine Gefährdung des eigenen Lebens ist.

## RESSOURCEN

Ist die Katze aggressiv, geht es dabei oft um die Verteidigung von Ressourcen. Sie beansprucht die Zuwendung ihres Menschen, ihren Lieblingsplatz, ihren Fressnapf, ihr Spielzeug, ihren Kratzbaum oder etwas anderes, das ihr wichtig ist. Die Wichtigkeit dieser Ressourcen wird vom Katzenhalter oft unterschätzt. Er weiß ja, dass es seinem Stubentiger an nichts mangelt. Der erachtet diese Tatsache jedoch längst nicht als Selbstverständlichkeit. Jegliche Einschränkung gleicht einer Bedrohung des eigenen Komforts.

**KEILEREIEN IN DER WURFKISTE** sind wichtig für die Sozialisation. Sie fördern die Verträglichkeit.

## ANGSTAGGRESSION

Angst ist einer der Hauptauslöser für Aggressionsverhalten. Das klingt paradox, aber genau wie auch ängstliche Hunde schneller mal zubeißen als selbstbewusste, fühlen sich ängstliche Katzen oft von verschiedenen Situationen überfordert. Sehen sie dann keine Möglichkeit zur Flucht, greifen sie an.

## TERRITORIALVERHALTEN

Handwerker, Postboten und Besucher stehen auf ihrer Abschussliste. Eine Katze mit ausgeprägtem Territorialverhalten lauert sofort im Flur, wenn es an der Türe klingelt. Kommt jemand herein, schnellt sie vor und attackiert den Eindringling mit Krallen und Zähnen. Geübte Platzhirsche umklammern den Unterschenkel ihres Opfers und sind dann kaum noch abzuschütteln.

Die Verteidigung des eigenen Reviers ist für Stubentiger keine abwegige Reaktion. Bauernhofkatzen lassen in der Regel auch keine fremden Mäusefänger aufs Gelände. Dann fliegen die Fetzen und genau dieses Verhalten überträgt sich manchmal auf den Wohnbereich.

## UMGERICHTETE AGGRESSION

War nicht so gemeint! Bei der umgerichteten Aggression ist das Opfer der Attacke eigentlich gar nicht das ursprüngliche Ziel. Es befand sich nur im falschen Moment am falschen Ort. Eine typische Situation hierfür: die Tierarztpraxis. Der Veterinär gibt die Spritze, und der Stubentiger schlägt seine Zähne in den Arm seines Besitzers. Auch streitende Katzen zu trennen, ist eine Situation, in der es schnell zu umgerichteter Aggression kommt. Eigentlich gilt der Angriff einem Artgenossen, doch dann richtet sich die körperliche Gewalt auf den Schlichter.

## HORMONE

Bei unkastrierten Samtpfoten sind häufig die Hormone schuld am Aggressionsverhalten. Ausgeprägtes Sexualverhalten, das wahrscheinlich nicht entsprechend ausgelebt werden kann, schürt Frustration, und potente Konkurrenz ist ein Anlass für Weißglut.

## MANGELNDE SOZIALISATION

Kätzchen lernen bereits in den ersten Lebenswochen viel über den Umgang mit Artgenossen und ihrer Umwelt. In einem verantwortungsvollen Zuhause mit fürsorglicher Katzenmama und vielen

**GUT SOZIALISIERT** – dank Sparringspartner.

Geschwistern ist eine umfassende Sozialisation einfach. Stammt ein Kätzchen hingegen aus schlechten Verhältnissen, wurde vielleicht zu früh von der Mutter getrennt, oder wuchs ohne Geschwister auf, bleibt die Frühsozialisation auf der Strecke. Solche Mäusefänger haben später öfter aggressive Auseinandersetzungen als gut sozialisierte Artgenossen.

## WAS TUN?

Massive Formen von Aggressionsverhalten sind ein Grund, Spezialisten aufzusuchen, erstmal den Tierarzt, um mögliche gesundheitliche Probleme auszuschließen und gegebenenfalls eine Kastration durchzuführen. Liegt hier nicht die Ursache des Problems, kann ein Fachtierarzt mit Schwerpunkt Verhaltenskunde weiterhelfen.

# ANGST
## *und wie man sie abbaut*

Angstverhalten ist eine ganz natürliche Verhaltensweise und soll den Stubentiger eigentlich nur vor Gefahren schützen. In einer konkreten Situation ist diese Emotion auch sinnvoll und baut sich danach ab. Manchmal verallgemeinern sich die Ängste jedoch und werden zum belastenden Dauerzustand. Hier zählt Vorbeugung und der schrittweise Abbau bestehender Ängste.

## FRÜHE TRENNUNG

Es gibt viele Gründe für Ängste, die ein Katzenhalter auf den ersten Blick vielleicht nicht durchschaut. Manchmal liegt die Wurzel des Ganzen in den Aufzuchtbedingungen des Vierbeiners. Eine zu frühe Trennung von der Mutter, im Alter von weniger als zwölf Wochen, fördert das Auftreten von Angst im späteren Leben. Auch ein zu strenger Umgang mit der Katze oder gar Misshandlungen schüren Ängste.

## KONTROLLVERLUSTE

Jeder Kontrollverlust, also eine Situation in der sich die Katze ausgeliefert fühlte, trägt zum Auftreten von Ängsten bei. Vielleicht wurde sie von einem Hund ge-bissen, von einem Artgenossen verletzt oder festgehalten, als draußen ein Feuerwerk die Erde erbeben ließ.

## ÄNGSTE ABBAUEN

Was hilft gegen Ängste? Die Verknüpfung der Angst auslösenden Situation mit etwas Positivem. Gerät eine Katze regelmäßig bei der Autofahrt zum Tierarzt in Panik, erhält sie einige Tage lang ihr Futter oder einige ganz besondere Leckerbissen darin. Natürlich ohne anschließend zum Tierarzt zu fahren. Verkriecht sich der Stubentiger jedes Mal, wenn Besuch kommt, erhalten die Freunde besonders gute Leckerchen, die sie der Katze geben dürfen.

## *Info*

### VERWÖHNEN

Der Besitzer meint es nur gut und verwöhnt seinen Vierbeiner mit allem, was er begehrt. Doch Vorsicht: Ausgiebiges Verhätscheln und schützendes Abschirmen provoziert bei manchen Stubentigern Misstrauen gegenüber allem, was nicht direkt mit ihrem Besitzer zu tun hat. Einige entwickeln sogar eine ausgeprägte Angst gegenüber der Umwelt.

**ÄNGSTLICHE KATZEN** brauchen Hilfe. Ansonsten bestimmt ihre Unsicherheit irgendwann das ganze Leben.

## ANGSTSTÖRUNGEN

Doch manchmal versagt das Training auch, und die Ängste steigern sich zur Angststörung. Die harte Wahrheit: Oft treibt der besorgte Katzenhalter diese Entwicklung voran, indem er sein Tier in Angst auslösenden Situationen tröstet. Zuwendung und Trost sind zwar nett gemeint, bewirken aber genau das Gegenteil des eigentlichen Ziels. Wenn der Katzenhalter in bestimmten Situationen immer diese Verhaltensänderung zeigt, bestärkt das den Stubentiger in der Überzeugung, dass Gefahr droht. Besser: Das Angstverhalten komplett ignorieren. Massive Angststörungen, die eine Katze extrem belasten, sollten mithilfe einer Desensibilisierung oder Gegenkonditionierung therapiert werden. Dazu bedarf es eines Profis, am besten einem Fachtierarzt mit Schwerpunkt Verhaltenskunde. Hierbei steht dann auch die Ergründung der Angst auslösenden Faktoren im Vordergrund. Wann traten sie zum ersten Mal auf? Sind die Ängste angeboren oder erlernt? Eine knifflige Aufgabe, die sehr viel Know-how erfordert.

*Info*

**MÖGLICHE GRÜNDE FÜR ANGST**

- schlechte Aufzuchtbedingungen
- mangelnde Sozialisation
- Misshandlungen
- schlechte Erfahrungen mit Artgenossen
- schlechte Erfahrungen mit Hunden
- Besitzerwechsel
- Umgebungswechsel
- laute, unbekannte Geräusche
- Stress

# SERVICE

*Nützliches zum Schluss*

# ZUM WEITERLESEN

### ALL IN ONE

Sie möchten umfassende Informationen rund um die Katze, ein Buch, das Ihnen ein Katzenleben lang beiseite steht und Sie mit Rat und Tat unterstützt? Dann empfehlen wir Ihnen:

Jones, Renate (HRSG.): **Das Kosmos Handbuch Katzen.** Kosmos 2010

### VERSTEHEN UND VERSTANDEN WERDEN

Auf du und du mit der Katze? Das wünschen sich die meisten, denn eine innige Beziehung fordert Verständnis auf beiden Seiten. Hier erfahren Sie alles über Katzenverhalten und Katzensprache:

Lauer, Isabella: **Wenn Katzen reden könnten.** Kosmos 2012

Leyhausen, Paul: **Katzenseele.** Kosmos 2005

Rauth-Widmann, Brigitte: **Was denkt meine Katze?** Kosmos 2012

### DIE QUAL DER WAHL

Eine Katze soll es sein und am besten eine mit Stammbaum. Doch die Auswahl ist groß und Sie wissen nicht, welche Rasse Ihnen am besten gefällt und ob sie zu Ihnen und Ihren Lebensumständen passt. Hier erfahren Sie alles über die beliebtesten Rassen:

Metz, Gabi: **Katzenrassen.** Kosmos 2011

### HOME, SWEET HOME

Sie wollen noch mehr über Katzenhaltung wissen? Was Mieze will und braucht, wie Sie gemeinsam gut durch den Alltag kommen und warum der Trend zur Zweitkatze führt, erfahren Sie hier:

Grimm, Hannelore: **Kätzchen.** Kosmos 2013

Lauer, Isabella: **Katzen halten – ganz entspannt.** Kosmos 2011

Lauer, Isabella: **Zwei Katzen – doppeltes Glück.** Kosmos 2012

Seidl, Denise: **Wenn meine Katze Probleme macht.** Kosmos 2008

### NIE MEHR LANGEWEILE

Für Wohnungskatzen kann der Alltag manchmal ganz schön eintönig sein. Bevor sich Speckröllchen unterm Fell breitmachen und Ihr Sofatiger nur noch zwischen Couch und Futternapf hin und her pendelt, ist ein wenig Action angesagt.

Federer, Gabi, Martino Rivas: **Spiele für Katzen.** Kosmos 2009

Seidl, Denise: **Spiel & Spaß für Katzen.** Kosmos 2010

Theby, Viviane: **Clickern mit meiner Katze.** Kosmos 2009

# NÜTZLICHE ADRESSEN

## DACHORGANISATIONEN

**Fédération Internationale Féline (FIFe),
The General Secretary**
Jehnická 11
CZ-62100 Brno
general-secretary@fifeweb.org
www.fifeweb.org

**World Cat Federation (WCF)
Generalsekretariat**
Geisbergstr. 2
D-45139 Essen
wcf@wcf.online.de
www.wcf-online.de

**The Intenational Cat Association (TICA)**
306 E Jackson
Harlingen, Texas 78550
information@tica.org
www.tica.org

**The Cat Fanciers' Association (CFA)**
1805 Atlantic Avenue
Manasquan, NJ 08736
cfa@cfa.org
www.cfainc.org

**Canadian Cat Association (CCA, ACF)**
5045 Orbitor Drive
Building 12, Suite 102
Mississauga, ON L4W 4Y4
office@cca-acf.com
www.cca-acf.com

## NATIONALE ORGANISATIONEN

**1. Deutscher Edelkatzenzüchter-
Verband e. V. (1. DEKZV)**
Berliner Str. 13
D-35614 Asslar
office@dekzv.de
www.dekzv.de

**Deutsche Edelkatze e. V.**
Geisbergstr. 2
D-45139 Essen
info@deutsche-edelkatze.de
www.deutsche-edelkatze.de

**1. ITAVC e. V.**
Friedrich-Ebert-Str. 199
D-42549 Velbert (Mitte)
www.1itavc.de

**Family Cats Club e. V.**
www.familycats.de

**Österreichischer Verband für die Zucht
und Haltung von Edelkatzen e. V. (OVEK)**
Liechtensteinstr. 126
A-1090 Wien
herbert.steinhauser@chello.at
www.oevek.at

**Fédération Féline Helvétique (FFH)
Sekretariat: Eva Wieland-Schilla**
Ch. de la Grangette 4
CH-1010 Lausanne
sekretariat@ffh.ch
www.ffh.ch

# REGISTER

# DIE AUTORIN

Ein Leben ohne Katzen? Undenkbar für die 1969 geborene Journalistin und Buch-Autorin Gabriele Metz, die zwei Norwegische Waldkatzen, drei Wald- und Wiesenmiezen, einen English Setter und zwei Pferde hält. Schon früh schlichen sich Samtpfoten in das Herz der studierten Romanistin und Politikwissenschaftlerin – mit Charme, Witz und jeder Menge Raffinesse. Diese verschworene Verbindung geht nun schon in die nächste Generation: Auch Söhnchen Philip ist ganz verrückt nach Samtpfoten. „Brött", der rot gestromte Norwegische Waldkater, und er sind dicke Freunde. Kein Wunder, dass Gabriele Metz so gerne über Samtpfoten schreibt und sie begeistert fotografiert. Ihre Leidenschaft spiegelt sich in zahlreichen Fachbüchern und Fachzeitschriften.

## DANKE

Viele wunderbare Katzen haben zur Entstehung dieses Buches beigetragen. Und ihre Menschen, die uns bei den Foto-Shootings mit vollem Einsatz zur Seite standen. Mein besonderer Dank gilt Sandra Rautmann und ihren zauberhaften Orientalisch Kurzhaar Katzen, Frau Meike und ihren opulenten Persern, Daniela Cramer und ihren aparten Thaikatzen, Claudia Busch mitsamt Britisch Lang- und Kurzhaarkatzen, Stefanie Borowski und ihren Maine Coons. Ein besonderer Dank geht an Anneliese Hackmann, Präsidentin der Deutschen Edelkatze e. V. und der World Cat Federation, die mir stets mit Rat und Tat zur Seite steht.

Außerdem danke ich der Firma KARLIE, die seit den 70er Jahren innovative Produkte für den Heimtierbedarf herstellt und vertreibt, für die großzügige Unterstützung der Foto-Shootings. Das Unternehmen hat mit originellen Spielzeugen, geschmackvollen Kratzbäumen, praktischen Katzentoiletten, Transportboxen und Pflege-Equipment eine umfassende Darstellung gut durchdachter Produkte für Katzen ermöglicht.

# Samtpfoten.

## Katzen besser verstehen.

Renate Jones (Hrsg.)
**Das Kosmos Handbuch Katzen**

320 S., 375 Abb., €/D 19,95

### Die Welt der Stubentiger

Wünschen Sie sich nur das Beste für Ihren Sofalöwen?
In diesem Buch erfahren Sie auf über 300 Seiten alles
über Haltung und Verhalten, Rassen und Erziehung,
Beschäftigung und Gesundheit. Von Katzenexperten
geschrieben – aktuell, fundiert und lebensnah. Für ein
rundum schönes Katzenleben.

**kosmos.de/katzen**

# KOSMOS.

## *Die schönsten Stubentiger.*

Gabriele Metz
**Katzenrassen**

128 S., 113 Abb., €/D 12,95

### *Schnelle Orientierung aus einen Blick*

Von Maine Coon bis Perser, von Ragdoll bis Schneebengale –
lernen Sie die Vielfalt der Rassekatzen kennen und finden Sie die
Samtpfote, die am besten zu Ihnen passt. Mit stimmungsvollen
und rassetypischen Fotos sowie ausführlichen Beschreibungen
zu Ursprung, Charakter und Erscheinungsbild der Rassekatzen.
Übersichtlich und kompetent – zur Auswahl der richtigen Samtpfote, zum Nachschlagen und zum Schmökern.

### kosmos.de/katzen

## BILDNACHWEIS

117 Fotos wurden von Gabriele Metz/Kosmos für dieses Buch aufgenommen. Weitere Farbfotos stammen von:
Tatjana Drewka (3 Fotos: S. 33, 56, 96 re), Tatjana Drewka/Kosmos
(3 Fotos: S. 57 re, 64, 96 li), Oliver Giel (17 Fotos: S. 40, 41 o, 41 u,
58, 59 alle, 74, 75, 76 li, 76 re, 77, 78, 104, 106), Sandra Schürmans
(5 Fotos: S. 9 alle), Trixie GmbH (1 Foto: S. 94 re).

## IMPRESSUM

Umschlaggestaltung von GRAMISCI Editorialdesign unter Verwendung
von zwei Farbfotos von Oliver Giel (Umschlagvorderseite) und Gabriele
Metz/Kosmos (Umschlagrückseite)

Mit 146 Farbfotos

Unser gesamtes lieferbares Programm und viele
weitere Informationen zu unseren Büchern,
Spielen, Experimentierkästen, DVDs, Autoren und
Aktivitäten finden Sie unter **kosmos.de**

Gedruckt auf chlorfrei gebleichtem Papier

© 2013, Franckh-Kosmos Verlags-GmbH & Co. KG, Stuttgart.
Alle Rechte vorbehalten
ISBN 978-3-440-12274-7
Redaktion: Ute-Kristin Schmalfuß
Gestaltungskonzept: GRAMISCI Editorialdesign, München
Gestaltung und Satz: Atelier Krohmer, Dettingen/Erms
Produktion: Eva Schmidt
Printed in Germany / Imprimé en Allemagne

FSC
www.fsc.org
MIX
Papier aus ver-
antwortungsvollen
Quellen
FSC® C110508